Japan's (Primary) Hironaka Heisuke Cup Maths Competition Test
Questions and Answers from the First to the Last (Volume 2)

日本历届（初级）广中杯
数学竞赛试题及解答

第2卷

(2008～2015)

● 甘志国　编著

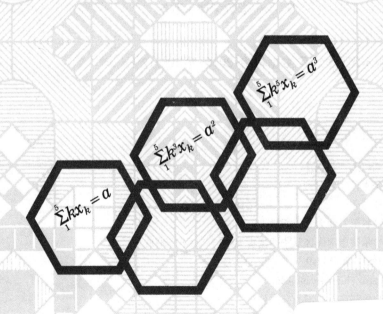

哈尔滨工业大学出版社
HARBIN INSTITUTE OF TECHNOLOGY PRESS

内容简介

日本广中杯数学竞赛(包括预赛和决赛,自 2000 年开始,每年一届)及日本初级广中杯数学竞赛(包括预赛和决赛,自 2004 年开始,每年一届)都是日本较高级别的初中数学竞赛,难度很大(即使对高中生来说,难度也不小).

本书汇集了第 9 届至第 16 届(2008~2015 年)日本广中杯数学竞赛试题及解答和第 5 届至第 12 届(2008~2015 年)日本初级广中杯数学竞赛试题及解答,解答过程均由作者给出,力求详尽.

本书适合于初中生、高中生备战各类数学竞赛时使用,也可供广大数学爱好者选用.

图书在版编目(CIP)数据

日本历届(初级)广中杯数学竞赛试题及解答. 第 2 卷, 2008~2015/甘志国编著. —哈尔滨:哈尔滨工业大学出版社,2016.5
ISBN 978-7-5603-6015-7

Ⅰ.①日… Ⅱ.①甘… Ⅲ.①中学数学课-题解
Ⅳ.①G634.605

中国版本图书馆 CIP 数据核字(2016)第 102712 号

策划编辑	刘培杰 张永芹
责任编辑	张永芹 刘春雷
封面设计	孙茵艾
出版发行	哈尔滨工业大学出版社
社　　址	哈尔滨市南岗区复华四道街 10 号 邮编 150006
传　　真	0451-86414749
网　　址	http://hitpress.hit.edu.cn
印　　刷	哈尔滨市石桥印务有限公司
开　　本	787mm×1092mm 1/16 印张 12.25 字数 165 千字
版　　次	2016 年 5 月第 1 版　2016 年 5 月第 1 次印刷
书　　号	ISBN 978-7-5603-6015-7
定　　价	38.00 元

(如因印装质量问题影响阅读,我社负责调换)

目 录 | Contest

日本第 5 届初级广中杯预赛试题(2008 年) ... 1

日本第 5 届初级广中杯决赛试题(2008 年) ... 3

日本第 9 届广中杯预赛试题(2008 年) ... 5

日本第 9 届广中杯决赛试题(2008 年) ... 7

日本第 6 届初级广中杯预赛试题(2009 年) ... 9

日本第 6 届初级广中杯决赛试题(2009 年) ... 11

日本第 10 届广中杯预赛试题(2009 年) ... 14

日本第 10 届广中杯决赛试题(2009 年) ... 16

日本第 7 届初级广中杯预赛试题(2010 年) ... 19

日本第 7 届初级广中杯决赛试题(2010 年) ... 21

日本第 11 届广中杯预赛试题(2010 年) ... 23

日本第 11 届广中杯决赛试题(2010 年) ... 25

日本第 8 届初级广中杯预赛试题(2011 年) ... 27

日本第 8 届初级广中杯决赛试题(2011 年) ... 29

日本第 12 届广中杯预赛试题(2011 年) ... 31

日本第 12 届广中杯决赛试题(2011 年) ... 33

日本第 9 届初级广中杯预赛试题(2012 年) ... 35

日本第 9 届初级广中杯决赛试题(2012 年) ... 37

日本第 13 届广中杯预赛试题(2012 年) ... 39

日本第 13 届广中杯决赛试题(2012 年)	41
日本第 10 届初级广中杯预赛试题(2013 年)	43
日本第 10 届初级广中杯决赛试题(2013 年)	45
日本第 14 届广中杯预赛试题(2013 年)	47
日本第 14 届广中杯决赛试题(2013 年)	49
日本第 11 届初级广中杯预赛试题(2014 年)	51
日本第 11 届初级广中杯决赛试题(2014 年)	53
日本第 15 届广中杯预赛试题(2014 年)	55
日本第 15 届广中杯决赛试题(2014 年)	57
日本第 12 届初级广中杯预赛试题(2015 年)	60
日本第 12 届初级广中杯决赛试题(2015 年)	62
日本第 16 届广中杯预赛试题(2015 年)	65
日本第 16 届广中杯决赛试题(2015 年)	67
日本第 5 届初级广中杯预赛试题参考答案(2008 年)	69
日本第 5 届初级广中杯决赛试题参考答案(2008 年)	74
日本第 9 届广中杯预赛试题参考答案(2008 年)	78
日本第 9 届广中杯决赛试题参考答案(2008 年)	80
日本第 6 届初级广中杯预赛试题参考答案(2009 年)	82
日本第 6 届初级广中杯决赛试题参考答案(2009 年)	85
日本第 10 届广中杯预赛试题参考答案(2009 年)	91
日本第 10 届广中杯决赛试题参考答案(2009 年)	96
日本第 7 届初级广中杯预赛试题参考答案(2010 年)	98
日本第 7 届初级广中杯决赛试题参考答案(2010 年)	102

日本第 11 届广中杯预赛试题参考答案（2010 年）	105
日本第 11 届广中杯决赛试题参考答案（2010 年）	108
日本第 8 届初级广中杯预赛试题参考答案（2011 年）	110
日本第 8 届初级广中杯决赛试题参考答案（2011 年）	114
日本第 12 届广中杯预赛试题参考答案（2011 年）	116
日本第 12 届广中杯决赛试题参考答案（2011 年）	120
日本第 9 届初级广中杯预赛试题参考答案（2012 年）	121
日本第 9 届初级广中杯决赛试题参考答案（2012 年）	126
日本第 13 届广中杯预赛试题参考答案（2012 年）	131
日本第 13 届广中杯决赛试题参考答案（2012 年）	134
日本第 10 届初级广中杯预赛试题参考答案（2013 年）	136
日本第 10 届初级广中杯决赛试题参考答案（2013 年）	139
日本第 14 届广中杯预赛试题参考答案（2013 年）	142
日本第 14 届广中杯决赛试题参考答案（2013 年）	144
日本第 11 届初级广中杯预赛试题参考答案（2014 年）	145
日本第 11 届初级广中杯决赛试题参考答案（2014 年）	151
日本第 15 届广中杯预赛试题参考答案（2014 年）	156
日本第 15 届广中杯决赛试题参考答案（2014 年）	159
日本第 12 届初级广中杯预赛试题参考答案（2015 年）	161
日本第 12 届初级广中杯决赛试题参考答案（2015 年）	167
日本第 16 届广中杯预赛试题参考答案（2015 年）	170
日本第 16 届广中杯决赛试题参考答案（2015 年）	172

日本第 5 届初级广中杯预赛试题(2008 年)

Ⅰ. 有若干个七位数,其和也是七位数,其平均数为 3 333 333,请问最多有多少个七位数?

Ⅱ. 在所有被 7 整除的三位数中,请求出数字之和最大的一个;若数字之和出现并列最大,则找出其中最大的那个三位数.

Ⅲ. 有四个不超过 10 的正数 a,b,c,d,其中恰有两个大于 π(圆周率),且满足 $a-b-c+d=10$. 请求出 $|a-\pi|+|b-\pi|+|c-\pi|+|d-\pi|$ 的值.

Ⅳ. 请解出下面的一次方程:$3(3(3(3(3x-1)-1)-1)-1) = \dfrac{3}{2}$.

Ⅴ. 凸四边形 $ABCD$ 满足 $\angle ABC = \angle ADC = 90°, AB = BC$,面积为 2. 请求出 BD 的长度.

Ⅵ. 一位艺人从 1 开始按照 1,2,3,… 的顺序数数,只是在数到 7 的倍数或个位数是 7 的数的时候会做鬼脸. 如果这位艺人从 1 数到 1 000,请问他总共做了多少次鬼脸?(7 本身也是 7 的倍数)

Ⅶ. 有 15 张卡片,每张卡片上各写有一个数字
$$1,1,1,1,2,2,2,2,3,3,3,3,4,4,4$$
从中选出 4 张,排成一行,组成一个四位数(例如 1 324,3 313 等). 请问:一共可以组成多少个四位数?

Ⅷ. 有两张一样大小的硬纸壳如图 1、图 2 所示. 在图 1 中,剪去粗线外的部分,剩下正四棱锥的展开图,能够形成的正四棱锥的表面积的最大值是 7. 请问:在图 2 中,剪去粗线外的部分,剩下正四棱锥的展开图,能够形成的正四棱锥的表面积的最大值是多少?(正四棱锥的底面是正方形,四个侧面是全等的等腰三角形)

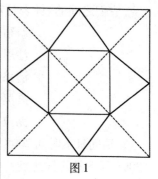

图 1

Ⅸ. 一次国际会议招聘了 3 名同声传译员. 由于这项工作需要集中精力,所以最长只能连续进行 20 min. 译员 A,B,C 按照 $A \to B \to C \to A \to B \to C \to A \to \cdots$ 的顺序,每人 20 分钟轮流进行. 下面是 3 位译员的会话,请根据此会话来求出会议的时间最长可能是多少小时多少分钟?

注 会议的时间按照分钟计算,薪资以分钟为单位进行支付. 如果时薪为 6 000 日元,则工作 13 分钟得到的薪资为 6 000(日元/时)× $\dfrac{13}{60}$(时)=

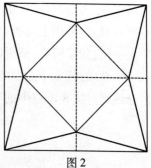

图 2

1 300(日元).

A:"确实是一份很诱人的工作,时薪有 23 400 日元呢!"

B:"嗯,我也听说过,薪资是按照实际工作的时间支付的,休息期间是没有薪资的."

C:"是吗?在我们 3 人中,A 是翻译时间最长的,赚钱也最多."

A:"应该是吧,但如果把休息时间和工作时间都算上,我的时薪就是 8 400 日元了."

X. 正整数 X 的 1.6 倍恰好等于把 X 的首位(最高位)移到最后得到的数,请求出满足条件的 X 的最小值.

(例如,把 123 456 的首位移到最后得到的整数是 234 561,把 102 345 的首位移到最后得到的整数是 23 451)

XI. 日本和夏威夷的时差,从日本看来是 −19 小时.例如,日本的时刻是 20:00 的时候,夏威夷的时刻是 1:00;而日本的时刻是 9:00 的时候,夏威夷的时刻是前一天的 14:00.如果带着能够显示日期的电子表从日本到达夏威夷,则需要往回拨 19 小时,这个 19 小时称为日本和夏威夷的"钟表时差".一般来说,两个地区 A 和 B 的"钟表时差"是指在 A 地对准钟表后到达 B 地后,需要将钟表调整的小时数."钟表时差"可能等于 0 小时到 23 小时中的某一种.

从世界各国中选取 5 个城市:新宿、沙恩、清莱、桑莫塞、克拉克.它们之间的"钟表时差"如下:

新宿——沙恩:8 小时

沙恩——清莱:6 小时

清莱——桑莫塞:11 小时

桑莫塞——克拉克:3 小时

克拉克——新宿:16 小时

请问日本时间 2008 年 6 月 22 日中午 12 时的时候,桑莫塞是 2008 年 6 月几日几点?(新宿是日本的城市;同一名称表示同一城市,不考虑夏令时,也就是说时差不会变化.)

XII. 在平面上是否存在具有下列性质的 8 个点:如果有,请找出一例;如果没有,请说明理由.

性质:将 8 个点中的任何两个点用线段联结,该线段的垂直平分线经过这 8 个点中的至少两个点.

日本第 5 届初级广中杯决赛试题(2008 年)

Ⅰ. 在没有说明的情况下,只写出答案即可.

如图 1 所示,在 4×4 的方格表中,每个方格填入↑、↓、←、→四种箭头中的一种,每行每列都是每种箭头恰好出现一次. 然后,在每个方格中填入与其相邻的方格中箭头指向它的方格数. 例如,如果按照图 2 的方式填入箭头,则填数方式如图 3 所示. 图 2 称为“箭头状态”,图 3 称为“数值状态”.

图 1

→	↓	←	↑
↓	↑	→	←
←	→	↑	↓
↑	←	↓	→

图 2

0	3	0	0
0	1	2	1
2	0	1	0
1	0	0	1

图 3

0	0	3	0
1	2	1	0
0	1	0	2
1	0	0	1

图 4

	2	2	
	2	2	

图 5

图 6

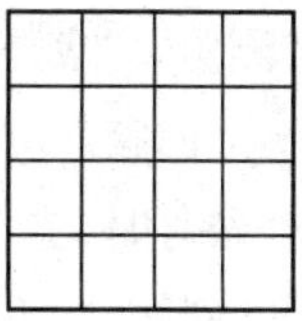

(i)请求出数值状态中所有方格填入的数之和可能取到的所有数.

(ii)当数值状态如图 4 所示时,请填出对应的箭头状态.

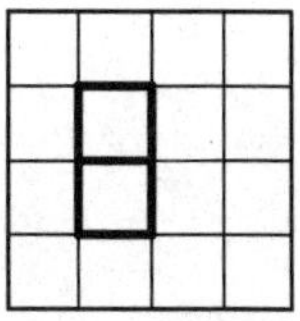

(iii)设数值状态如图 5 所示,中间的 4 个方格里面填的都是 2,请填出一种对应的箭头状态,如果有多种,填出一种即可.

(iv)在数值状态中,是否可能有某个方格里面填 4? 请说明理由.

(v)在数值状态中,图 6 中的粗线围成的两个方格里面填的数之和是否可能等于 5? 请说明理由.

Ⅱ. 只回答出结果即可.

(i)今年(2008 年)在北京举办第 29 届夏季奥运会. 第 1 届夏季奥运会于 1986 年在雅典举行,由于世界大战的原因,第 6 届,第 12 届,第 13 届夏季奥运会中止了,除此之外每 4 年举办一次. 假设以后世界永久和平,总是每 4 年举办一届奥运会,决不再中止. 请问从 2009 年起,举办奥运会的年份(公元纪年)能被奥运会的届数整除的情况还会出现多少次?

(ii)一个容器的表面展开图如图 7 所示,边长为 6 的正三角形周围连接着三个等腰梯形,它们的上底长均为 4,下底长均为 5,腰长均为 1. 请求出该容器的容积(精确到百分位).

(参考:棱长为 a 的正四面体的体积约为 $0.117\ 8a^3$.)

(iii)已知凸四边形 $ABCD$ 满足下面的条件: $AB = AC$, $\angle ADB = 3\angle ABD$, $\angle BAC = \angle DAC$.

请求出 $\angle CBD$ 的度数.

(iv)正六边形 $ABCDEF$ 的边长为 16,在边 EF 上取点 G 使得 $GF = 5$,此时有 $AG = 19$. 设 $\angle BAG$ 的角平分线与直线 CD 交于点

H,请求出线段 CH 的长度.

(v) $95\ 121^2 = 9\ 048\ 004\ 641$,它是一个 10 位数,其前 5 位 90 480 和后 5 位 04 641(即 4 641)之和为 90 480 + 4 641 = 95 121. 如果 X^2 为 10 位数,其前 5 位和后 5 位之和等于 X,这样的 X 除了 95 121 以外还有 3 种,请求出它们.

Ⅲ. 在某个业余学校里,老师讲完当天的内容后,会进行一次"离校测验"."离校测验"的内容的若干道选择题,不管是谁,不全做对不准回家. 学生做完后,要到老师讲台那里交答案. 如果有学生没全做对时,老师会告诉他做对的题数,然后让他回到座位上继续思考. 例如,"离校测验"有以下 3 道题,每题有 2 个选项:

(Ⅰ)在算式 $3 + 2 = \square$ 中,$\square$ 里应填的数是哪个? A:5;B:6.

(Ⅱ)在算式 $3 \times 2 = \square$ 中,$\square$ 里应填的数是哪个? A:5;B:6.

(Ⅲ)在算式 $3 \div 2 = \square$ 中,$\square$ 里应填的数是哪个? A:1.5;B:5.1.

太郎做完后,将"(Ⅰ)A,(Ⅱ)A,(Ⅲ)B"的答案交给老师时,老师说"对了 1 题".

学生 X 君也在这所业余学校里学习,但是由于那天上课的时候一直在睡觉,所以他一道题也不会做. X 君为了能尽早回家,需要在尽可能少的次数之内将题目全部做对. 请回答下列问题,并把每次交给老师的答案全部写出.

(i)"离校测验"有 3 道题目,每题有 2 个选项,请问 X 君在最不利的情况下需要尝试多少次才能将题目全部做对?

(ii)"离校测验"有 3 道题目,每题有 3 个选项,请问 X 君在最不利的情况下需要尝试多少次才能将题目全部做对?

(iii)"离校测验"有 4 道题目,每题有 2 个选项,请证明 X 君在最不利的情况下只需要尝试 6 次就能回家了.

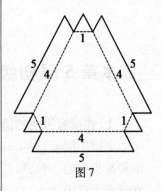

图 7

日本第9届广中杯预赛试题(2008年)

Ⅰ. 只写出答案即可.

(i) 从 1 到 10 000 的整数中,将被 7 整除(注意 7 本身也是 7 的倍数)且个位是 k 的数的个数记为 a_k.

① 请求出 a_7;

② 请求出 $a_1 + a_2 + a_3 + a_4 + a_5 + a_6 + a_7 + a_8 + a_9$.

(ii) 有 15 张卡片,每张卡片上各写有一个数字

$$1,1,1,1,2,2,2,2,3,3,3,3,4,4,4$$

从中选出 4 张,排成一行,组成一个四位数(例如 1 324,3 313 等). 请问:一共可以组成多少个四位数?

(iii) 有四个不超过 10 的正数 a,b,c,d,其中恰有两个大于 π(圆周率),且满足 $a - b - c + d = 10$. 请求出 $|a-\pi| + |b-\pi| + |c-\pi| + |d-\pi|$ 的值.

(iv) 在四边形 $ABCD$ 中,有

$$AB > \sqrt{2}, BC = \sqrt{3}, CD = 1, \angle ABC = 75°, \angle BCD = 120°$$

请求出 $\angle CDA$ 的度数.

(v) 已知 x 满足下列等式,请求出最接近 x 的整数(将小数部分四舍五入)

$$\frac{1}{10\ 001} + \frac{1}{10\ 002} + \frac{1}{10\ 003} = \frac{1}{10\ 004} + \frac{1}{10\ 005} + \frac{1}{x}$$

Ⅱ. 只写出答案即可.

(i) 请求出不超过 $\dfrac{\sqrt{2\ 008} + \sqrt{6} + \sqrt{22}}{5}$ 的最大整数.

(ii) 凸四边形 $ABCD$ 满足 $\angle ABC = \angle ADC = 90°$,$AB = BC$,面积为 5. 请求出 BD 的长度.

(iii) x 为正实数,其小数部分为 y,且 $x^2 + y^2 = 8$. 请求出满足条件的所有 x.

(iv) 正整数 X 的 1.6 倍恰好等于把 X 的首位(最高位)移到最后得到的数,请求出满足条件的 X 的最小值.

(例如,把 123 456 的首位移到最后得到的整数是 234 561,把 102 345 的首位移到最后得到的整数是 23 451.)

Ⅲ. 直线 $l // m$,半径分别为 a, b, c 的圆 C_1, C_2, C_3 两两外切,

圆 C_1 和直线 l,m 都相切,圆 C_2 和直线 l 相切,圆 C_3 和直线 m 相切.

a,b,c 为互不相等的整数,请求出 a 可能取值的最小值,以及此时 b 和 c 的值.其中 $b>c$.如果有多于一组的答案 (a,b,c),请全部写出.

日本第9届广中杯决赛试题(2008年)

Ⅰ.在没有说明的情况下,只写出答案即可.

如图1所示,在4×4的方格表中,每个方格填入↑、↓、←、→四种箭头中的一种,每行每列都是每种箭头恰好出现一次.然后,在每个方格中填入与其相邻的方格中箭头指向它的方格数.例如,如果按照图2的方式填入箭头,则填数方式如图3所示.图2称为"箭头状态",图3称为"数值状态".

(i)请求出数值状态中所有方格填入的数之和可能取到的所有数.

(ii)当数值状态如图4所示时,请填出对应的箭头状态.

(iii)设数值状态如图5所示,中间的4个方格里面填的都是2,请填出一种对应的箭头状态,如果有多种,填出一种即可.

(iv)在数值状态中,是否可能有某个方格里面填4?请说明理由.

(v)在数值状态中,图6中的粗线围成的两个方格里面填的数之和是否可能等于5?请说明理由.

Ⅱ.正20面体的各面都是正三角形,每个顶点处有5个面汇合.因此,它有12个顶点.另外,正20面体的某五个顶点组成一个正五边形.根据上面的性质,请回答下面的问题,只需写出答案即可.

(i)记正20面体的12个顶点分别为A,B,C,D,E,F,G,H,I,J,K,L.如果从中选取共面的5个顶点的话,请问有多少种选取方法?

(ii)将正20面体的12个顶点中的2个涂黑,10个涂白,有多少种方法(旋转之后与原来重合的视为同一种方法)?

(iii)将正20面体的20个面中的2个涂黑,18个涂白,有多少种方法(旋转之后与原来重合的视为同一种方法)?

(iv)记正20面体中距离最远的2个顶点为A和B,经过A和B的某个平面将正20面体切割后的截面为n边形,请求出n可能取到的所有值.

Ⅲ.设n为不小于3的整数.平面上有n个半径为1的圆,满足下面全部条件的放置方法数为$f(n)$(旋转后重合的看作同一种

图1

图2

图3

图4

图5

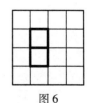

图6

方法).

(i) 每个圆都至少和其他2个圆外切;

(ii) 对于任何一个圆 C(圆心为 C 的圆)来说,设与其外切的两个圆分别为圆 D 和圆 E,则 $\angle DCE = 60°, 120°$ 或 $180°$;

(iii) 任取这 n 个圆周上的两点 X 和 Y,则可以从点 X 出发,沿着这些圆的圆周走到点 Y;

(iv) 任何两个圆至多有一个公共点.

例如,图7中的3个圆的放置符合条件,而图8中的7个圆不满足条件(ii),图9中的6个圆不满足条件(iii),图10中的6个圆存在相交关系,不满足条件(iv).

① 请求出 $f(3), f(4), f(5)$ 的值(只写出答案即可).

② 请证明 $f(6) \geq 9$.

③ 请证明 $f(31) \geq 1\,000\,000$.

Ⅳ. 一个数列的前两项都等于1,从第3项起,每一项都等于其前一项的3倍加上再前一项,即 $1, 1, 4, 13, 43, 142, \cdots$. 记这个数列的第99项为 a,第100项为 b.

从第1项到第100项的平方和为 $S = 1^2 + 4^2 + 13^2 + 43^2 + 142^2 + \cdots + a^2 + b^2$,请用 a 和 b 来表示它,并证明之.

Ⅴ. 已知四边形 $ABCD$ 满足下面的条件: $AD \parallel BC, \angle ABD = 30°, \angle DBC = 70°, \angle BCD = 40°, BC = 1$.

(i) 请证明: $\angle ACD = 10°$;

(ii) 请求出四边形 $ABCD$ 的面积,并写出思考过程.

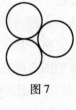

图7

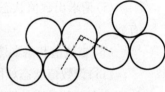

图8

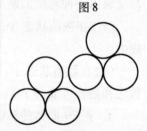

图9

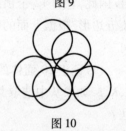

图10

日本第6届初级广中杯预赛试题(2009 年)

第 I~X 题写出答案即可,第 XI 题需写出答案和思考过程,第 XII 题需写出证明过程.

注 题中的图形不一定准确.

I. 请问 2,0,0,9 这四个数字可以组成多少个四位偶数?

II. 在 Rt△ABC 中,∠B = 90°. 在边 AC 上取两点 D 和 F,在边 BC 上取两点 E 和 G,使得∠ADB = ∠BED = ∠EFD = ∠EGF = 90°.

如果 DE = 4,FG = 3,请求出边 AB 的长度.

III. 如图 1 所示,在 10 个方格中,两个人轮流在一个方格中填入"○",已经填入"○"的方格不能再填入"○",且两个"○"不能相邻. 谁先没法填"○"了,谁就输了. 先手为了必胜,第一步应该在哪些方格里面填"○"? 请在 1,3,5,7,9 中选出所有符合条件的.

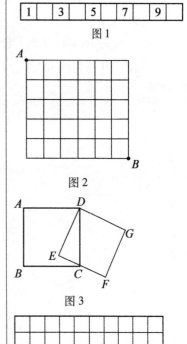

图 1

图 2

图 3

图 4

IV. 如图 2 所示,沿着网格线从 A 到 B 的最短道路中,请问拐弯次数为偶数的方法有多少种?

V. 如图 3 所示,将两个正方形 ABCD 和 DEFG 叠放起来. 如果五边形 ABCED 的面积为 4,△CDE 的面积为 1,请求出四边形 DCFG 的面积.

VI. 如图 4 所示,在方格中填入 9 个"○",且两个"○"不能相邻,请问共有多少种填法?

VII. 请问满足下列条件的长度为 10 的数列共有多少个?

条件:每一项都是 1,2,3,4,5 中的一个数,且相邻两项之差为 1.

例如,2,3,4,3,4,3,2,1,2,3 是满足条件的一个数列.

VIII. 将 99 以内的不含 0 的正整数从小到大连成一行为:
12345678911121314…979899.

(i)从中选取连续的 4 个数字(例如 6789,1121 等),共能组成多少个四位数?

(ii)从中选取连续的 3 个数字(例如 789,911 等),共能组成多少个四位数?

(iii)从中选取连续的 2 个数字(例如 78,91 等),共能组成多少个四位数?

Ⅸ. 请求出填入□中的数,使得等式成立

$$\frac{1}{1\times 2}+\frac{1}{1\times 3}+\frac{1}{2\times 5}+\frac{1}{3\times 8}+\frac{1}{5\times 13}+$$
$$\frac{1}{8\times 21}+\frac{1}{13\times 24}+\frac{1}{21\times 55}+\frac{1}{34\times \Box}=1$$

Ⅹ. 有 5 张卡片,每张卡片的正反两面各写有一个数字,且 0,1,2,3,4,5,6,7,8,9 恰好各出现一次. 把它们排成一行,可以组成若干个五位数(例如 32 961 等)或者四位数(例如 02 159 等). 其中,五位数中有 768 个是 5 的倍数,四位数中有 80 个是 4 的倍数. 请问五位数中有多少个是 4 的倍数?

注 6 和 9 是不同的数字,不能把 6 倒过来当作 9,也不能把 9 倒过来当作 6.

Ⅺ. 如图 5 所示,△ABC 是正三角形,四边形 DECF 是正方形. 请问△ABC 的面积是正方形 DECF 的面积的多少倍?

Ⅻ. 已知凸五边形 ABCDE 满足 AB∥EC,BC∥AD,CD∥BE,DE∥CA.

请证明 EA∥DB.(图 6 是满足题设的一个例子. AB∥EC 表示直线 AB 与直线 EC 平行;需要在答题纸上画出图形.)

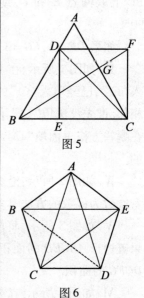

图 5

图 6

日本第6届初级广中杯决赛试题(2009年)

I. 请回答下面的问题,必要时可参看下表(表1). 其中,第(i)~(iv)问请直接写出答案,第(v)问需要写出简单的思考过程.

(i) 从2到100中,在2的方幂($2, 2^2, 2^3, \cdots, 2^{99}, 2^{100}$)中个位数字是2的共有多少个?

(ii) 请求出 2^{245} 的首位(最高位)的数字.

(iii) 请求出 2^{2009} 的后两位.

(iv) 请求出使得 2^n 的后三位是008的正整数 n 中最小的,其中 n 大于4. 如果不存在这样的 n,则回答"×".

(v) 已知 x 是4到100之间(含)的某个整数. 设 $2^x = A, 5^x = B, A$ 和 B 的首位数字相等.

①请求出 A 的最高位数字可能取到的所有值;
②请求出 A 的次高位数字可能取到的所有值;
③请求出 $A+B$ 的最高位数字可能取到的所有值.

表1

n	2^n	n	2^n
1	2	2	4
3	8	4	16
5	32	6	64
7	128	8	256
9	512	10	1 024
11	2 048	12	4 096
13	8 192	14	16 384
15	32 768	16	65 536
17	131 072	18	262 144
19	524 288	20	1 048 576
21	2 097 152	22	4 194 304
23	8 388 608	24	16 777 216
25	33 554 432	26	67 108 864
27	134 217 728	28	268 435 456

续表 1

n	2^n	n	2^n
29	536 870 912	30	1 073 741 824
31	2 147 483 648	32	4 294 967 296
33	8 589 934 592	34	17 179 869 184
35	34 359 738 368	36	68 719 476 736
37	137 438 953 472	38	274 877 906 944
39	549 755 813 888	40	1 099 511 627 776
41	2 199 023 255 552	42	4 398 046 511 104
43	8 796 093 022 208	44	17 592 186 044 416
45	35 184 372 088 832	46	70 368 744 177 664
47	140 737 488 355 328	48	281 474 976 710 656
49	562 949 953 421 312	50	1 125 899 906 842 624
51	2 251 799 813 685 248	52	4 503 599 627 370 496
53	9 007 199 254 740 992	54	18 014 398 509 481 984
55	36 028 797 018 963 968	56	72 057 594 037 927 936
57	144 115 188 075 855 872	58	288 230 376 151 711 744
59	576 460 752 303 423 488	60	1 152 921 504 606 846 976
61	2 305 843 009 213 693 952	62	4 611 686 018 427 387 904
63	9 223 372 036 854 775 808	64	18 446 744 073 709 551 616
65	36 893 488 147 419 103 232	66	73 786 976 294 838 206 464
67	147 573 952 589 676 412 928	68	295 147 905 179 352 825 856
69	590 295 810 358 705 651 712	70	1 180 591 620 717 411 303 424
71	2 361 183 241 434 822 606 848	72	4 722 366 482 869 645 213 696
73	9 444 732 965 739 290 427 392	74	18 889 465 931 478 580 854 784
75	37 778 931 862 957 161 709 568	76	75 557 863 725 914 323 419 136
77	151 115 727 451 828 646 838 272	78	302 231 454 903 657 293 676 544
79	604 462 909 807 314 587 353 088	80	1 208 925 819 614 629 174 706 176
81	2 417 851 639 229 258 349 412 352	82	4 835 703 278 458 516 698 824 704
83	9 671 406 556 917 033 397 649 408	84	19 342 813 113 834 066 795 298 816
85	38 685 626 227 668 133 590 597 632	86	77 371 252 455 336 267 181 195 264
87	154 742 504 910 672 534 362 390 528	88	309 485 009 821 345 068 724 781 056
89	618 970 019 642 690 137 449 562 112	90	1 237 940 039 285 380 274 899 124 224
91	2 475 880 078 570 760 549 798 248 448	92	4 951 760 157 141 521 099 596 496 896
93	9 903 520 314 283 042 199 192 993 792	94	19 807 040 628 566 084 398 385 987 584
95	39 614 081 257 132 168 796 771 975 168	96	39 614 081 257 132 168 796 771 975 168
97	39 614 081 257 132 168 796 771 975 168	98	316 912 650 057 057 350 374 175 801 344
99	633 825 300 114 114 700 748 351 602 688	100	1 267 650 600 228 229 401 496 703 205 376

Ⅱ. 只写出答案即可.

(i) 在 △ABC 中, $AB = 4, BC = 5, CA = 6$. 以任意一边为轴将其旋转, 为了使得到的旋转体的体积最大, 应该绕 AB, BC, CA 的哪条边旋转?

(ii) 在 1 000 以内(包括 1 000)的正整数中, 所有 5 的倍数乘起来得到的乘积为 T, 在十进制中后面有 a 个连续的 0, 从右边起第 $a+1$ 位的数字是 b, 请求出 a 和 b 分别代表的数.

(两个 a 代表同一个整数, b 代表一个非零数字.)

(iii) 今天是 A 月 B 日, 10 天后是 C 月 D 日(例如, 如果"今天"是 8 月 21 日, 则 $A = 8, B = 21, C = 8, D = 31$). 若 $A + B = 2(C + D)$, 则"今天"可能的日期有多少种?

(iv) 正整数 x, y, z, v, w 满足 $x + y + z + v + w = 10\ 000$.

此时, 请求出 $[1.05x] + [1.05y] + [1.05z] + [1.05v] + [1.05w]$ 可以取到的最小值.

其中, 对于实数 a, $[a]$ 表示不超过 a 的最大整数(例如 $[3.14] = 3, [5] = 5$).

(v) 从 $1, 2, 2^2, 2^3, \cdots, 2^{15}$ 这 16 个数中取若干个(1 到 15 个)不同的数, 它们的和是剩下的数的和的整数倍. 请问: 共有多少种选法?

(vi) 有 10 张卡片, 分别写有整数 1 到 10. 把这些卡片分成 4 组, 每组卡片的数字(笔者注: 应把这里的"数字"改为"数", 因为"10"的数字是 1, 0; 而数是 10)和都是 11 的倍数. 请问共有多少种分法? (每组至少一张卡片)

Ⅲ. 在等腰梯形 ABCD 中, AD∥BC, $AB = CD$. 在梯形内部取点 O, 使得 $OA = OB = OC = OD = 6$, $\angle AOB = \angle COD = 90°$, $\angle AOD = 30°$.

请回答下面的问题, 并在答题纸上画出图形.

(i) 请求出梯形 ABCD 的面积;

(ii) 在边 AB 上取点 P, 边 BC 上取点 Q, 边 CD 上取点 R, 边 DA 上取点 S. 此时, 请求出 $PQ + QR + RS + SP$ 可能取到的最小值.

日本第10届广中杯预赛试题(2009年)

Ⅰ. 只写出答案即可.

(i) 用 2,0,0,9,0,6,2,1 组成的所有奇数按照从小到大的顺序排列,请问 20 090 621 是第多少个数?

(ii) 请问满足 $9x^2 - 6xy + 2y^2 + z^2 + 2z = 2$ 的整数组 (x,y,z) 有多少组?

(iii) 如图1所示,将两个正方形 ABCD 和 DEFG 叠放起来. 如果五边形 ABCED 的面积为4, △CDE 的面积为1,请求出四边形 DCFG 的面积.

(iv) 如图2所示,沿着网格线从 A 到 B 的最短道路中,请问拐弯次数为偶数的方法有多少种?

(v) 在 Rt△ABC 中,AB = 3,BC = 5,CA = 4. 其外接圆为圆 O,内切圆为圆 I. 当直角三角形在圆 O 里面转动时(保持着内接于圆 O 的状态),请求出圆 I 扫过的区域 W 的面积.

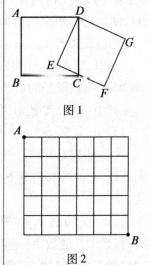

图1

图2

Ⅱ. 只写出答案即可.

(i) 从 1,2,3,4,5,6,7,8,9 中选取 4 个不同的数字组成四位数,例如 1 523,2 561 等.

(a) 请问其中 5 的倍数一共有多少个?

(b) 请问其中 3 的倍数一共有多少个?

(c) 请问其中 1 234 的倍数一共有多少个?

(ii) 请对 1 001 至 10 000 的整数的倒数之和 $\frac{1}{1\,001} + \frac{1}{1\,002} + \frac{1}{1\,003} + \cdots + \frac{1}{9\,999} + \frac{1}{10\,000}$ 进行估算,并求出其整数部分. 必要时,可使用以下计算结果

$$1 + \frac{1}{2} + \frac{1}{3} + \frac{1}{4} + \frac{1}{5} + \frac{1}{6} + \frac{1}{7} + \frac{1}{8} + \frac{1}{9} + \frac{1}{10} = \frac{7\,381}{2\,520}$$

(iii) 在 △ABC 中,AB = 9,BC = 8,CA = 7. 设边 BC 的中点为 M. 在边 AB 上取点 N,使得 ∠ANC = ∠ACB. 再在线段 BN 上取点 P,使得 ∠BCP = ∠NCP.

请求出 ∠CNM:∠CPM 的值.

(iv) 如图3所示,从 A,B,C,D,E,F 中的任意一点出发,将图形一笔画出,一共有多少种画法?

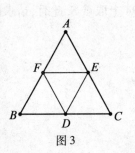

图3

Ⅲ. 如图 4 所示,四边形 $ABCD$ 为梯形,$AD/\!/BC$,$BC=BD$. 在边 BC 上取点 P,在对角线 BD 上取点 Q,使得 $BP=PQ=QC$. $\triangle ABP$ 是等腰直角三角形,$\angle BAP=90°$.

此时,请求出 $\angle ABD$ 的度数.(请写出思考过程,图 4 不一定准确)

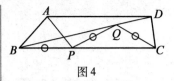

图 4

日本第10届广中杯决赛试题(2009年)

I. 请回答下面的问题,必要时可参看下表(表1). 其中,第(i)~(iv)问请直接写出答案,第(v)问需要写出简单的思考过程.

(i) 从2到100中,在2的方幂($2, 2^2, 2^3, \cdots, 2^{99}, 2^{100}$)中个位数字是2的共有多少个?

(ii) 请求出2^{245}的首位(最高位)的数字.

(iii) 请求出2^{2009}的后两位.

(iv) 请求出使得2^n的后三位是008的正整数n中最小的,其中n大于4. 若不存在这样的n,则回答"×".

(v) 已知x是4到100之间(含)的某个整数. 设$2^x = A, 5^x = B$,A和B的首位数字相等.

①请求出A的最高位数字可能取到的所有值;

②请求出A的次高位数字可能取到的所有值;

③请求出$A+B$的最高位数字可能取到的所有值.

表1

n	2^n	n	2^n
1	2	2	4
3	8	4	16
5	32	6	64
7	128	8	256
9	512	10	1 024
11	2 048	12	4 096
13	8 192	14	16 384
15	32 768	16	65 536
17	131 072	18	262 144
19	524 288	20	1 048 576
21	2 097 152	22	4 194 304
23	8 388 608	24	16 777 216
25	33 554 432	26	67 108 864
27	134 217 728	28	268 435 456

续表1

n	2^n	n	2^n
29	536 870 912	30	1 073 741 824
31	2 147 483 648	32	4 294 967 296
33	8 589 934 592	34	17 179 869 184
35	34 359 738 368	36	68 719 476 736
37	137 438 953 472	38	274 877 906 944
39	549 755 813 888	40	1 099 511 627 776
41	2 199 023 255 552	42	4 398 046 511 104
43	8 796 093 022 208	44	17 592 186 044 416
45	35 184 372 088 832	46	70 368 744 177 664
47	140 737 488 355 328	48	281 474 976 710 656
49	562 949 953 421 312	50	1 125 899 906 842 624
51	2 251 799 813 685 248	52	4 503 599 627 370 496
53	9 007 199 254 740 992	54	18 014 398 509 481 984
55	36 028 797 018 963 968	56	72 057 594 037 927 936
57	144 115 188 075 855 872	58	288 230 376 151 711 744
59	576 460 752 303 423 488	60	1 152 921 504 606 846 976
61	2 305 843 009 213 693 952	62	4 611 686 018 427 387 904
63	9 223 372 036 854 775 808	64	18 446 744 073 709 551 616
65	36 893 488 147 419 103 232	66	73 786 976 294 838 206 464
67	147 573 952 589 676 412 928	68	295 147 905 179 352 825 856
69	590 295 810 358 705 651 712	70	1 180 591 620 717 411 303 424
71	2 361 183 241 434 822 606 848	72	4 722 366 482 869 645 213 696
73	9 444 732 965 739 290 427 392	74	18 889 465 931 478 580 854 784
75	37 778 931 862 957 161 709 568	76	75 557 863 725 914 323 419 136
77	151 115 727 451 828 646 838 272	78	302 231 454 903 657 293 676 544
79	604 462 909 807 314 587 353 088	80	1 208 925 819 614 629 174 706 176
81	2 417 851 639 229 258 349 412 352	82	4 835 703 278 458 516 698 824 704
83	9 671 406 556 917 033 397 649 408	84	19 342 813 113 834 066 795 298 816
85	38 685 626 227 668 133 590 597 632	86	77 371 252 455 336 267 181 195 264
87	154 742 504 910 672 534 362 390 528	88	309 485 009 821 345 068 724 781 056
89	618 970 019 642 690 137 449 562 112	90	1 237 940 039 285 380 274 899 124 224
91	2 475 880 078 570 760 549 798 248 448	92	4 951 760 157 141 521 099 596 496 896
93	9 903 520 314 283 042 199 192 993 792	94	19 807 040 628 566 084 398 385 987 584
95	39 614 081 257 132 168 796 771 975 168	96	39 614 081 257 132 168 796 771 975 168
97	39 614 081 257 132 168 796 771 975 168	98	316 912 650 057 057 350 374 175 801 344
99	633 825 300 114 114 700 748 351 602 688	100	1 267 650 600 228 229 401 496 703 205 376

Ⅱ. 有 n 个人围成一圈,其中 n 是不小于 3 的整数. 这些人分别属于老实人和骗子的一种,老实人一定说实话,骗子一定说谎话.

(i) 若所有人都说:"我两边的人,一个是老实人,另一个是骗子",则当 $n=300$ 时,请求出老实人的数目可能取的所有值,并写出思考过程.

(ii) 若所有人都说:"我两边的人都是骗子",则当 $n=2\,009$ 时,请求出老实人的数目可能取的所有值,并写出思考过程.

Ⅲ. 设 $x=\dfrac{180°}{7}$,考虑图 1 中的四个三角形,即:

顶角为 x,腰长为 1 的等腰三角形;

顶角为 $3x$,腰长为 1 的等腰三角形;

顶角为 $2x$,腰长为 1 的等腰三角形;

顶角为 x,底边为 1 的等腰三角形.

(图 1 不一定准确;标 ○ 的边的长度均为 1)

设它们的面积依次为 S, T, U, V.

请求出 $\dfrac{4S+2T+7U}{V}$ 的值,并给出理由.

Ⅳ. 如图 2(图 2 不一定准确)所示,四边形 $ABCD$ 是梯形,$AD\,/\!/\,BC$,M 为边 CD 的中点.

当以下条件全部成立时,请求出四边形 $ABCD$ 的面积,写出解答过程并附上图形.

条件:$\angle BAM=\angle DAM, AM=3, AC=5, BA=BD$.

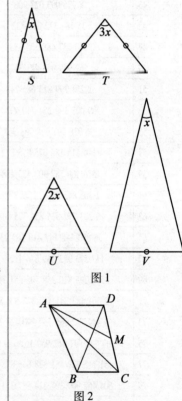

图 1

图 2

日本第7届初级广中杯预赛试题(2010年)

Ⅰ. 请求出下式的值

$$\frac{\frac{1}{2}+\frac{1}{3}+\frac{1}{6}}{2+3+6} - \frac{2+3+6}{\frac{1}{2}+\frac{1}{3}+\frac{1}{6}}$$
$$2 \times 3 \times 6$$

Ⅱ. 一个班级要选举班长. 共有四名候选人:昭夫、高司、太智、光子. 全班同学(包括候选人在内)每人只能在选票上写一个人的名字,不能弃权,候选人可以给自己投票. 后来出现了下列情况:

高司选的那个人选了太智;

太智选的那个人选了光子;

光子选的那个人选了昭夫.

请问,昭夫选的那个人选了谁? 如果有超过一种可能,请全部写出.

Ⅲ. a,b,c,d 分别代表 1,2,3,7 中的一个互不相同的数字. 当下式成立时,请求出 a,b,c,d 的值. 这里,$\overline{abcd}$ 表示千位为 a,百位为 b,十位为 c,个位为 d 的整数;类似地,$\overline{cd}$ 表示十位为 c,个位为 d 的整数.

$$\overline{abcd} = (\overline{ab} + \overline{cd} + a)^2$$

Ⅳ. 有 10 个半径为 1 的球,堆成一个金字塔. 也就是说,底层有 6 个球,相邻的球紧挨着,形成一个正三角形的形状;第二层有 3 个球,两两相邻,并放在底层球之间的凹陷处;顶层有 1 个球,放在第 2 层球的凹陷处.

请问球之间互相接触的点共有多少个?

Ⅴ. a,b,c,d 分别代表 2~9 中的一个互不相同的数字(注意:没有1). 如果四位数 $\overline{abcd}$ 是三位数 $\overline{bcd}$ 的倍数,请求出四位数 $\overline{abcd}$ 的所有可能取值.

Ⅵ. 在下式中添加若干组括号"( )"(可以只添加一组,也可以不添加),共可以得到多少个不同的得数,请分别求出来.

(i) $1 + 2 \times 3 + 4$;

(ii) $5 + 6 \times 5 \times 1 + 3$.

Ⅶ. 如图1所示, 正六边形 ABCDEF 的中心为点 O, 在各边上分别取点 P, Q, R, S, T, U. 联结 PS, QT, RU, 两两的交点分别为 X, Y, Z. PS 与 QT 的交点 Z 与点 B 在直线 RU 的异侧.

已知 $S_{五边形ABCRU} + S_{五边形CDETQ} + S_{五边形EFAPS} = 18$, $S_{五边形ABQTF} + S_{五边形CDSPB} + S_{五边形EFURD} = 24$.

请求出 $S_{四边形APOU} + S_{四边形CROQ} + S_{四边形ETOS}$ 的值.

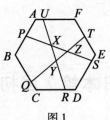

图1

Ⅷ. (只写出答案即可) 在一个正五边形上画出所有的对角线, 可将其分成11个小图形, 其中有5个是全等的等腰锐角三角形 P, 5 个是全等的等腰钝角三角形 Q, 1 个是正五边形 R.

请问:在 P, Q, R 中, 面积最大的是哪个? 如果不止一个, 请全部写出.

Ⅸ. 在正27边形 P 中, 设最长的对角线的长度为 L, 画出所有长度为 L 的对角线, 请问它们将 P 分成多少个区域?

Ⅹ. 已知凸四边形 ABCD 满足下列条件:

(ⅰ) $AB = AC$;

(ⅱ) $AD = BD$;

(ⅲ) 当边 AB 的中点为 M 时, 有 $\angle ADB + \angle CDM = 180°$.

若 $3\angle BAC + x\angle DAC = 180°$, 请求出 x 的值, 并说明理由.

日本第7届初级广中杯决赛试题(2010年)

Ⅰ.有些题目出题容易解题难.例如:

例题:请求出满足下列方程组的一组整数(x,y,z,w):

(i) $\begin{cases} x+y+z+w=7 \\ x^2+y^2+z^2+w^2=15 \end{cases}$;

(ii) $\begin{cases} x+y+z+w=11 \\ x^2+y^2+z^2+w^2=39 \end{cases}$.

可得出(i)的一组解是$(x,y,z,w)=(1,1,2,3)$,(ii)的一组解是$(x,y,z,w)=(1,2,3,5)$.

当然,还有其他满足条件的整数,但只要"找出一组"就够了.类似的题出题方可以想出很多很多,而解题方解起来就比较困难.如果要"找出所有的解",即使用电脑来做也是很费劲儿的.

下面的问题,从出题方的角度来看,解是"可以观察出来的".请根据此提示回答问题,只写出答案即可.

问题:请求出满足下列方程组的一组整数(x,y,z,w),其中$x \leqslant y \leqslant z \leqslant w$:

(i) $\begin{cases} x+y+z+w=1\ 003 \\ x^2+y^2+z^2+w^2=1\ 000\ 003 \end{cases}$;

(ii) $\begin{cases} x+y+z+w=9\ 999 \\ x^2+y^2+z^2+w^2=100\ 000\ 011 \end{cases}$;

(iii) $\begin{cases} x+y+z+w=128 \\ x^2+y^2+z^2+w^2=4\ 098 \end{cases}$;

(iv) $\begin{cases} x+y+z+w=123 \\ x^2+y^2+z^2+w^2=85 \times 55 - 13 \times 8 \end{cases}$.

Ⅱ.(i)(ii)(iii)只写出答案即可,(iv)(v)需要写出思考过程.

(i)请求出 $333\ 333\ 333\ 333 \times 333\ 333\ 333\ 333$ 的各位数字之和.

(ii)一个圆柱的底面半径为1,高也为1,设其下底面为S,上底面为T,在T上取直径AB.点P在线段AB上自由移动,点Q在底面S上自由移动,线段PQ扫过的范围为W.在S上方与其平行

且距离为 $\frac{1}{3}$ 的平面截 W 得到一个截面,请求出该截面的面积.(如果有必要的话,可使用圆周率 π.)

(iii)从具有 2^k(k 为正整数)形式的数 $2,4,8,\cdots$ 中选出 3 个,得到一个和,将所有这样的和从小到大排列,请求出第 222 个数.

(iv)将一个公平骰子(各面的点数分别是 1 到 6)掷 10 次,出现的点数之和为 39,点数之积为 345 600.请问 1,2,3,4,5,6 点分别出现了多少次,写出全部的可能性.

例如,如果出现了一次 1 点,一次 2 点,两次 4 点,四次 5 点,两次 6 点,没出现 3 点,则用 $(1,1,0,2,4,2)$ 表示.

(v)将 1 到 35 的正整数分成两组,使得两组整数的乘积互质,请问有多少种分法?(注意:不能有一组为空.例如,如果是 1 到 3,则共有 3 种分法.)

Ⅲ. 如图 1 所示(图 1 不一定准确),在锐角 $\triangle ABC$ 的边 BC,CA,AB 上分别取点 D,E,F,使得

$$\angle BFE = 2\angle BEF = 2x > 90°$$
$$\angle AEF = 2\angle CBE = 2y$$
$$\angle AFE = \angle CED = z$$

设直线 EF 与直线 BC 的交点为 G,请回答下列问题.

(i)请证明 $ED = EG$;

(ii)如果 $BF = 10$,$CE = 4$,请求出线段 ED 的长度.

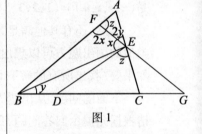

图 1

日本第11届广中杯预赛试题(2010年)

Ⅰ. 只写出答案即可.

(i) 在一个正五边形上画出所有的对角线,可将其分成11个小图形,其中有5个是全等的等腰锐角三角形 P, 5个是全等的等腰钝角三角形 Q, 1个是正五边形 R.

请问:在 P, Q, R 中,面积最大的是哪个? 如果不止一个,请全部写出.

(ii) 一个班级要选举班长. 共有四名候选人:昭夫、高司、太智、光子. 全班同学(包括候选人在内)每人只能在选票上写一个人的名字,不能弃权,候选人可以给自己投票. 后来出现了下列情况:

高司选的那个人选了太智;

太智选的那个人选了光子;

光子选的那个人选了昭夫.

请问,昭夫选的那个人选了谁? 如果有超过一种可能,请全部写出.

(iii) 请求出 $1^1 + 2^2 + 3^3 + 4^4 + \cdots + 100^{100}$ 的位数.

(iv) 麦克对一个三位数的正整数 X 作了如下发言,但其中的有下划线的部分中有些是谎话.

"X 是<u>质数</u>,各位数字相乘后将个位四舍五入后是<u>130</u>. 另外,$X+2$ 是<u>3 的倍数</u>,$X+3$ 是<u>6 的倍数</u>,$X+4$ 是<u>9 的倍数</u>,$2X+1$ 是<u>5 的倍数</u>,$4X+1$ 是<u>10 的倍数</u>,$6X+1$ 是<u>25 的倍数</u>."

① 请求出谎话数的最小值,设它为 N;

② 当麦克的发言中谎话恰有 N 个的时候,请求出 X 的值,有几种写几种.

(v) 如图1所示,在圆 O 上取两点 A 和 B,分别过它们作圆的切线,在切线上分别取点 C 和 D,它们在直线 AB 的同侧,且 CD 与圆 O 交于点 P 和 S(距 C 较近的交点为 P).

过点 P 和 S 分别作 AC 的平行线,与 AD 分别交于点 Q 和 T,与 AB 分别交于点 R 和 U.

如果 $PQ = 10, QR = 3, ST = 2$,请求出 TU 的长度. (图1不一定准确)

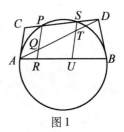

图1

Ⅱ. 只写出答案即可.

(ⅰ) 一位博士说, 2010 年是一个"漂亮年". 这是因为, 2 010 与其反序数 0 102(即 102)之和 2 112 是一个回文数(即反序数等于原数的数). 一般来说, 原数与反序数之和是回文数的年份称为"漂亮年".

请问从 2000 年到 2999 年的 1 000 年间共有多少年是博士所说的"漂亮年"?

(ⅱ) 如图 2 所示, 共有 10 个半径为 1 的圆, 把其中若干个(可以是 0 个)涂黑.

请回答下面两问(互相独立), 旋转后和原来重合的视为一种涂法:

①如果使涂黑的圆不相邻的话, 共有多少种涂法?

②如果使涂黑的圆恰好是 5 个的话, 共有多少种涂法?

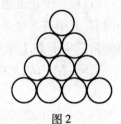

图 2

(ⅲ) 在 $\triangle ABC$ 中, $AB = 3$, $BC = 4$, $CA = 2$. 圆 E_1 经过点 A, 且与直线 BC 相切于点 B; 圆 E_2 经过点 A, 且与直线 BC 相切于点 C; 圆 E_1 和圆 E_2 除 A 以外的另一个交点为 D. 设 $\triangle BCD$ 的外接圆为圆 E_3, 直线 AD 与圆 E_3 的除 D 外的另一个交点为 P, 请求出 CP 的长度.

(ⅳ) 设正数 x 满足 $\sqrt{x+\sqrt{x+\sqrt{x+\sqrt{x+\sqrt{x+\sqrt{x+\sqrt{x}}}}}}} = 2\,010$, 请求出不超过 x 的最大整数.

Ⅲ. 某旅馆的房间每一间都有一个编号, 每间房的编号都至少有两个数字不同. 例如, 如果有 101 号房间, 就不能有 501 号房间和 171 号房间.

在下述两种情况下, 最多可以有多少个房间编号? 请说明理由:

(ⅰ) 允许使用的房间编号从 00 到 99, 共 100 种;

(ⅱ) 允许使用的房间编号从 000 到 999, 共 1 000 种.

日本第11届广中杯决赛试题(2010年)

Ⅰ.有些题目出题容易解题难.例如:

例题:请求出满足下列方程组的一组整数(x,y,z,w):

(i) $\begin{cases} x+y+z+w=7 \\ x^2+y^2+z^2+w^2=15 \end{cases}$;

(ii) $\begin{cases} x+y+z+w=11 \\ x^2+y^2+z^2+w^2=39 \end{cases}$.

可得出(i)的一组解是$(x,y,z,w)=(1,1,2,3)$,(ii)的一组解是$(x,y,z,w)=(1,2,3,5)$.

当然,还有其他满足条件的整数,但只要"找出一组"就够了.类似的题出题方可以想出很多很多,而解题方解起来就比较困难.如果要"找出所有的解",即使用电脑来做也是很费劲儿的.

下面的问题,从出题方的角度来看,解是"可以观察出来的".请根据此提示回答问题,只写出答案即可.

问题:请求出满足下列方程组的一组整数(x,y,z,w),其中$x \leq y \leq z \leq w$:

(i) $\begin{cases} x+y+z+w=1\ 003 \\ x^2+y^2+z^2+w^2=1\ 000\ 003 \end{cases}$;

(ii) $\begin{cases} x+y+z+w=9\ 999 \\ x^2+y^2+z^2+w^2=100\ 000\ 011 \end{cases}$;

(iii) $\begin{cases} x+y+z+w=128 \\ x^2+y^2+z^2+w^2=4\ 098 \end{cases}$;

(iv) $\begin{cases} x+y+z+w=123 \\ x^2+y^2+z^2+w^2=85 \times 55 - 13 \times 8 \end{cases}$.

Ⅱ.在十进制中,每个数位上的数都不小于它左侧的数位上的数的正整数称为"好数",一位数也属于"好数".例如,$2,35,778$都属于好数.

请回答下面的问题,只写出答案即可.

(i)从1到99的整数中,有多少个好数?

(ii)从1到99的整数中,使得X和$2X$都是好数的整数X有多少个?

(iii)从100到499的整数中,使得X和$2X$都是好数的整数X

有多少个?

(iv) 从 500 到 999 的整数中,使得 X 和 $2X$ 都是好数的整数 X 有多少个?

Ⅲ. 需要写出答案和思考过程.

有 $4n$ 个人面对面围成一圈(其中 n 为正整数),每个人要么是总说实话的老实人,要么是总说谎话的骗子,并且彼此之间都知道属于哪一种.

(i) 已知这 $4n$ 个人中有 $2n$ 个人是老实人. 此时,问每个人"你右邻的人是老实人吗?"回答"是"的人可能有多少,请写出全部的可能性.

(ii) 问每个人"你右邻的人是老实人吗?"共有 $2n$ 个人回答"是". 请问 $4n$ 个人中的老实人可能有多少,请写出全部的可能性.

注 每个人只回答"是"或"否"这两种可能之一.

Ⅳ. 如图 1 所示,凸四边形 $ABCD$ 满足 $BA = BC$,$\angle ABD = 3\angle CBD = 3x$,$\angle CAD = \angle BDC = y$,请证明 $y = 30°$.

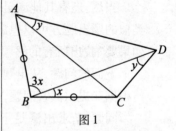

图 1

Ⅴ. 能够用整数 p 和非零整数 q 表示成 $\dfrac{p}{q}$ 的形式的数称为有理数.

例如,$\dfrac{2}{3}$,$5\left(=\dfrac{5}{1}\right)$,$-\dfrac{5}{3}\left(=\dfrac{-5}{3}\right)$ 都是有理数.

设 a 和 b 都是非零整数,考虑关于 x 和 y 的方程
$$ax^2 + bxy + y^2 = 1 \qquad (*)$$

请回答下面的问题:

(i) 满足 $(*)$ 的 (x,y) 的一组值为 $(0, \pm 1)$. 除此之外,请再找出满足 $(*)$ 的一组有理数 (x,y),并验证它确实满足 $(*)$.

(ii) 请证明有无限多组有理数 (x,y) 满足 $(*)$.

日本第8届初级广中杯预赛试题(2011年)

第Ⅰ～Ⅹ题只写出答案即可,第Ⅺ题需写出答案和思考过程.另外,题目中出现的2 011是今年的公元纪年,它是一个质数,上一个质数年是2003年.

Ⅰ.找出下面的数中最小的,用A～E来回答.(正整数的约数包括1和它本身)

A:$2\,005^2$的正约数的总和;

B:$2\,007^2$的正约数的总和;

C:$2\,009^2$的正约数的总和;

D:$2\,011^2$的正约数的总和;

E:$2\,013^2$的正约数的总和.

Ⅱ.在下式的"□"中填入同一个正整数,请问这个数是几?
$$□×(□+□^□)=2^6+2^{27}$$

Ⅲ.将5个数排成一行,反复进行下列操作:

从5个数中任意选出连续的3个数,并将其反序排列.例如:像"$3,2,5,1,4\to3,1,5,2,4\to3,1,4,2,5$"这样变化.

请问:从$1,2,3,4,5$开始,至少经过多少次,才能变成$5,4,3,2,1$?

Ⅳ.已知凸六边形$ABCDEF$满足下列所有条件:

(1) $\angle ACD = \angle BCE = \angle DEA = \angle CEF = \angle FAC = \angle EAB = 90°$;

(2) $BE = 5, CE = 10$;

(3) $S_{\triangle CDE} = 20$.

请求出六边形$ABCDEF$的面积. 这里XY表示线段XY的长度.

Ⅴ.a,b,c,d,e,f是$1,2,3,4,5,6$的一个排列,且有下列关系式成立
$$\begin{cases} c \times d < b \times f < a \times e \\ c \times e < d \times f < a \times b \\ b \times c + 1 < e \times f < a \times d \\ a \times e = d \times f \end{cases}$$

请求出a,b,c,d,e,f的值.

Ⅵ. 对于日期的表示,例如 4 月 10 日,可以用 4/10 来表示. 如果把它看成分数 $\frac{4}{10}$ 的话,其值为 $\frac{2}{5}$. 类似地,3/1(3 月 1 日) 的值为 $\frac{3}{1} = 3$,4/8(4 月 8 日) 的值为 $\frac{4}{8} = \frac{1}{2}$. 这样的值称为"日期值".

请问 2011 年的 365 天共有多少个不同的"日期值"?

Ⅶ. 三位正奇数 A 的各位数字互不相同,且数字积是 A 的约数,请求出所有这样的 A.

Ⅷ. 如图 1 所示,在 7 个方格中填入 1~7 各一次,且双线边的方格的数比它两边的数都大,请问共有多少种填法?

图 1

Ⅸ. 已知凸四边形 $ABCD$ 满足下列条件

$$AC = AD, \angle ABD = \angle CBD, \angle ACB = \angle ADB$$
$$\angle BCD = 123°, BD = AB + BC$$

请求出 $\angle ABC$ 的度数.

Ⅹ. n 为不小于 2 的整数,在黑板上写有从 1 到 n 的 n 个整数. 按照下列操作进行:

将黑板上所有 1 的倍数加上 1(替换原数);

然后,将黑板上所有 2 的倍数加上 1(替换原数);

然后,将黑板上所有 3 的倍数加上 1(替换原数);

然后,继续按照 4 的倍数、5 的倍数……的顺序操作下去,直到黑板上所有的数都相等时停止.

当操作停止时,如果这个相等的数是 2 011,请求出 n 的所有可能取值.

Ⅺ. 在正方形 $ABCD$ 的边 CB 的延长线上取点 E,使得 $BE = BC$(点 C,E 不重合). 在边 AD 上取点 F,使得 $EC = EF$,直线 EF 与边 AB 交于点 G.

请回答下列问题,必要的话可以参考图 2,但图 2 不一定准确.

另外,一定要在答题纸上画出图形.

(ⅰ) 请求出 $\angle CEF$ 的度数;

(ⅱ) 如果 $EF = 1$,请求出 $(AG + FG)(AF + FG)$ 的值.

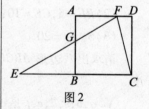

图 2

日本第 8 届初级广中杯决赛试题(2011 年)

Ⅰ. 对于正整数 n 来说,将 n 的各位数字反序得到的数记为 $\bar{n}$. 如果不满 M 位,则先在前面补 0,凑足 M 位.

例如,当 $M = 3$ 时,$\overline{123} = 321$,$\overline{102} = 201$,$\bar{3} = 300$,$\overline{400} = 4$.

又例如,当 $M = 4$ 时,$\overline{1\,234} = 4\,321$,$\overline{123} = 3\,210$,$\overline{400} = 40$.

(i) 当 $M = 2$ 时,请求出 99 个整数的和 $A = \bar{1} + \bar{2} + \bar{3} + \bar{4} + \cdots + \overline{99}$;

(ii) 当 $M = 3$ 时,请求出 99 个整数的和 $B = \bar{1} + \bar{2} + \bar{3} + \bar{4} + \cdots + \overline{99}$;

(iii) 当 $M = 3$ 时,请求出 500 个整数的和 $C = \bar{1} + \bar{2} + \bar{3} + \bar{4} + \cdots + \overline{500}$;

(iv) 当 $M = 6$ 时,请求出 500 000 个整数的和 $D = \bar{1} + \bar{2} + \bar{3} + \bar{4} + \cdots + \overline{500\,000}$.

Ⅱ. 只写出答案即可.

(i) 每一位都是奇数的数称为"好数",例如 $5, 33, 571$ 都是"好数".

① 两个两位数都是好数,且它们的乘积也是好数. 请找出一组这样的好数.

② 一个六位数可以表示成 5 个大于 1 的好数之和,请求出一个这样的六位数,并表示成好数的乘积.

(ii) 像"1,2,3,4,5,4,3,2,1"或"1,2,3,4,5,3,1"这样,存在某个数,从它开始,向左依次减小,向右也依次减小,称为"山排列". 但"1,2,3,4,5,7"和"1,2,3,3,4,5,3,1"都不是"山排列",因为前者没有"向右依次减小"的部分,后者有两个连续的 3 相等.

请问在 1,2,3,3,4,5,6,7,7,8,9,10 的排列中,有多少个是"山排列"?

(iii) 如下表(表 1)所示,在 36 个方格中选取 6 个"两两既不同行也不同列"的数,并计算它们的和. 请求出该和的最大值.

表1

第1列	第2列	第3列	第4列	第5列	第6列	
1	7	0	12	0	6	第1行
4	8	−1	13	1	7	第2行
3	9	0	16	2	8	第3行
4	10	1	15	3	11	第4行
5	13	2	16	4	10	第5行
6	12	3	17	7	11	第6行

(iv) 对于正整数 N，先考虑下面的操作：

操作：将 N 乘以 2，然后减去不超过 $2N$ 的最大的 2 的方幂，再加上 1.

这里，2 的方幂指的是 $1,2,2^2,2^3,\cdots$ 这样的能用 2^n 表示的数，n 为非负整数.

在小于 2 011 的正整数中也有连续进行 2 011 次操作后能得到 L 的，请求出这样的数中最大的.

(v) 如图 1 所示，(a)~(c) 都是用单位正三角形组成的图形，想要用由 3 个单位正三角形组成的图形（）恰好完全覆盖它们（没有缝隙，不重叠，也不超出图形外），请问分别有多少种方法？

注　即使翻转或旋转后重合，也视为不同的覆盖方法.

Ⅲ. 在 $\triangle ABC$ 中，$\angle A = 40°$，边 BC 的中点为 M，点 N 是边 AC 上靠近点 A 的三等分点. 在边 AB 上取点 P，使得 $\angle BPM = 24°$，且有 $AB + AP = PM$.

请求出 $\angle MNC$ 的度数.

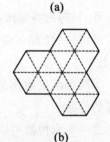

(a)

(b)

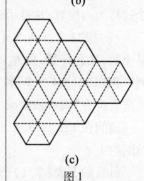

(c)

图 1

日本第12届广中杯预赛试题(2011年)

Ⅰ.对于此题中的下列5问,只写出答案即可.题目中出现了2011这个数,是因为它是今年的公元纪年.2011是一个质数,今年可以称为质数年,上一个质数年是8年前的2003年.

(i)对于给定的两个整数A与B,小梅、小松、小竹、小桂做了以下发言.已知4人中有3人说实话,1人说谎话,请问:说谎话的人是谁?

小梅:"A与B的和为12."

小松:"A与B的积为48."

小竹:"A不超过B的2倍."

小桂:"A大于6,B小于6."

(ii)a,b,c,d,e,f是1,2,3,4,5,6的一个排列,且有下列关系式成立

$$\begin{cases} c \times d < b \times f < a \times e \\ c \times e < d \times f < a \times b \\ b \times c + 1 < e \times f < a \times d \\ a \times e = d \times f \end{cases}$$

请求出a,b,c,d,e,f的值.

(iii)设2010以内的正整数之积$A = 2010 \times 2009 \times 2008 \times \cdots \times 2 \times 1$的正约数的总和为$a$;2011以内的正整数之积$B = 2011 \times 2010 \times 2009 \times \cdots \times 2 \times 1$的正约数的总和为$b$.

请求出$\dfrac{b}{a}$的值.(对于一个正整数而言,约数包括1和它本身)

(iv)对于实数x来说,用$[x]$表示不超过x的最大整数.例如,$[3.14] = 3$,$[5] = 5$.

①请求出$\left[\sqrt{\left[\sqrt{\left[\sqrt{\left[\sqrt{1 \times 2}\right] \times 3}\right] \times 4}\right] \times 5}\right]$的值;

②将①的结果乘以6,开平方($\sqrt{}$),取整($[\ ]$),乘以7,开平方($\sqrt{}$),取整($[\ ]$),如此继续,请求出下式的值

$$\left[\sqrt{\left[\sqrt{\left[\sqrt{\left[\sqrt{\left[\sqrt{1 \times 2}\right] \times 3}\right] \times 4}\right] \times 5}\right] \times 6} \times \cdots \times 2011\right]$$

(v)在锐角△ABC中,过点A作边BC的垂线,垂足为H;过点C作边AB的垂线,与线段AH相交于点P.

已知AP=7,PH=9,请求出线段CP的长度.

Ⅱ.只写出答案即可.

(i)①请问:有多少个两位正整数A,可以使A的个位和$2A$的首位(最高位)相同?

②请问:有多少个三位正整数B,可以使B的个位和$2B$的首位(最高位)相同?

(ii)请求出所有的正整数N,要使任何一个正整数的10次幂(在十进制中)都不能恰好是N位数.

(iii)在△ABC中,$\angle A=150°$,$AB=10$,在边BC上取点P和Q,使得$\angle BAP=\angle CAQ=30°$,$PQ:QC=8:7$,请求出AQ的长度.

(iv)将1,2,3,4,5,6,7,8排成一行,并比较相邻两个数的大小,设M为左边数比右边数大的相邻位置数.

例如,按照5,3,1,4,6,7,8,2的顺序排列的话,有3个相邻位置"5,3""3,1""8,2"满足左边数比右边数大的条件,所以$M=3$.

1,2,3,4,5,6,7,8的全排列有$8×7×6×5×4×3×2×1$种,请问满足下列条件的排列方法分别有多少种:

①M为奇数.

②$M\geq 4$.

③$M=1$.

Ⅲ.在凸五边形ABCDE中,$AB=AE$,$\angle ADE=\angle DCE=30°$,$\angle BAD:\angle EAD=3:1$.

设线段AD和BE的交点为F,有$AE\perp CF$.此时,请求出$\angle BAE:\angle BDC$的值.

这里,XY表示线段XY的长度,必要时可参考图1,但图1不一定准确.

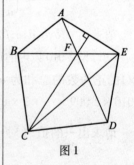

图1

日本第12届广中杯决赛试题(2011年)

Ⅰ.对于正整数 N,先考虑下面的操作Ⅰ:

操作Ⅰ:将 N 乘以 2,然后减去不超过 $2N$ 的最大的 2 的方幂,再加上 1.

这里,2 的方幂指的是 $1,2,2^2,2^3,\cdots$ 这样的能用 2^n 表示的数,n 为非负整数.

(i)将 2 011 连续进行 2 011 次操作Ⅰ后,得到 L.请求出 L 的值.

(ii)在小于 2 011 的正整数中也有连续进行 2 011 次操作Ⅰ后能得到 L 的,请求出这样的数中最大的.然后,对于正整数 N,再考虑下面的操作Ⅱ:

操作Ⅱ:将 N 乘以 3,然后减去不超过 $3N$ 的最大的 3 的方幂,再加上 1.

这里,3 的方幂指的是 $1,3,3^2,3^3,\cdots$ 这样的能用 3^n 表示的数,n 为非负整数.

(iii)将 2 011 连续进行 2 011 次操作Ⅱ后,得到 M.请求出 M 的值.

(iv)请问在不大于 2 011 的正整数中,共有多少个在连续进行2 011次操作Ⅱ后能得到 M?

Ⅱ.对于正整数 n 来说,将 n 的各位数字反序得到的数记为 $\overline{n}$.如果不满 M 位,则先在前面补 0,凑足 M 位.

例如,当 $M=3$ 时,$\overline{123}=321,\overline{102}=201,\overline{3}=300,\overline{400}=4$.

又例如,当 $M=4$ 时,$\overline{1\,234}=4\,321,\overline{123}=3\,210,\overline{400}=40$.

(i)当 $M=2$ 时,请求出 99 个整数的和 $A=\overline{1}+\overline{2}+\overline{3}+\overline{4}+\cdots+\overline{99}$;

(ii)当 $M=3$ 时,请求出 99 个整数的和 $B=\overline{1}+\overline{2}+\overline{3}+\overline{4}+\cdots+\overline{99}$;

(iii)当 $M=3$ 时,请求出 500 个整数的和 $C=\overline{1}+\overline{2}+\overline{3}+\overline{4}+\cdots+\overline{500}$;

(iv)当 $M=6$ 时,请求出 500 000 个整数的和 $D=\overline{1}+\overline{2}+\overline{3}+$

$\overline{4+\cdots+500\ 000}$.

Ⅲ. 满足 $x^2+3x+1=0$ 的实数 x 有两个, 而满足 $x^2+2x+1=0$ 的实数 x 只有一个. 请问满足 $(4\ 620x^2-1\ 501x-238)(9\ 240x^2-307x-1\ 666)=0$ 的实数 x 有多少个? 并说明理由.

Ⅳ. 设 $\triangle ABC$ 的边 BC 的中点为 M, 且有 $AM=7, MC=11, CA=10$.

请求出 $\angle BAM$ 与 $\angle CAM$ 的度数之比.

Ⅴ. a,b 是满足 $1 \leqslant a \leqslant b \leqslant 10$ 的整数.

如图 1 所示, 半径为 $a, b, 11$ 的圆 C_1, C_2, C_3 在三角形里面(包括边界), 它们两两外切, 且都与三角形的两边相切. 请问 (a,b) 有多少组可能的取值, 并说明理由.

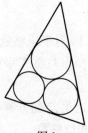

图 1

日本第9届初级广中杯预赛试题(2012年)

对于下面的题目,第Ⅰ~Ⅹ题只需写出答案即可,而第Ⅺ题除了答案以外,还需要写出思考过程.

Ⅰ.有一个面积为2 011的正2 011边形S和一个面积为2 012的正2 012边形T.其中,S的边长为s,T的边长为t.

关于s和t的大小关系,请从下面的三个选项中选出正确的一项:

A. $s > t$ B. $s = t$ C. $s < t$

Ⅱ.我们考虑像1 234和44 331 212这样,各位数字由1,2,3,4组成,且这四种数字都至少出现一次的数(从而12 034和12 321这样的数是不在考虑范围内的).

在这样的数中,请求出能被123整除的最小正整数.

Ⅲ.△ABC是边长为3的正三角形.在边AC上取点P,使得$AP = 1$;在边BC上取点Q,使得$\angle BPQ = 60°$.此时,请求出线段BQ的长度.

Ⅳ.已知正整数a,b,c满足$\dfrac{1}{a} < \dfrac{b}{167} < \dfrac{6}{c} < \dfrac{20}{b} < \dfrac{c}{50} < a$.请求出符合题意的$a$的最小值.

Ⅴ.有一些正整数不能表示成若干个连续的(至少两个)正整数的和,请求出这样的正整数中最接近2 012的那一个.

例如,$18 = 5 + 6 + 7$,也就是说,18可以表示成3个连续正整数的和.

Ⅵ.某个国家的经济状况非常恶劣,所以银行每天从全国的居民银行存款中征收15%作为税金.A的爸爸有一万元的存款,带着对国家的抗议情绪,决定不取出这些钱.

请问过了一万天后,A的爸爸的存款会变成多少?

这里,"元"是这个国家的货币单位,税金以1元为单位征收,小数点后面的部分舍去不计.例如,如果存款金额的15%是453.9元,那么实际征收的税金为453元.

Ⅶ.例如,将520和12连写可以组成52 012,将5和2012连写可以组成52 012,将5,201和2连写,或者将5,20,12连写,组成的当然也是52 012.

那么,将若干个(至少两个)正整数(笔者注:正整数的首位数字不能是0)连写,组成2 012 012 012 012的方法有多少种?

Ⅷ. 请求出从1到1 000的整数中,像315和57那样每位数字都是奇数的所有数之和.

Ⅸ. 能被1 111 111整除的八位数的各位数字之和,共有多少种可能的取值?

Ⅹ. 互不相同的9个正整数 $a,b,c,d,e,f,g,h,i(a>b>c>d>e>f>g>h>i\geq1)$ 满足下面的条件:

在 a,b,c,d,e,f,g,h,i 中,2的倍数至少有8个,3的倍数至少有7个,4的倍数至少有6个,5的倍数至少有5个,6的倍数至少有4个,7的倍数至少有3个,8的倍数至少有2个,9的倍数至少有1个.

在这样的9个正整数组成的数组中,请找出使得 a 最小的一组.

Ⅺ. 在 $\triangle ABC$ 中, $AB=5$, $AC=4$. 点 P 是边 BC 上靠近点 B 的三等分点,并在边 BC 上取点 Q,使得 $\angle BAP=\angle CAQ$.

此时,请求出线段 AP 与 AQ 的长度之比.

日本第9届初级广中杯决赛试题(2012年)

Ⅰ.对于正整数n,记$S(n)$为n的正约数之和,$T(n)$为n的正约数的个数,$f(n)=\dfrac{S(n)}{T(n)}$.

例如,10的正约数有1,2,5,10四个,$S(n)=1+2+5+10=18$,$T(n)=4$,所以$f(10)=\dfrac{9}{2}$.

(i)请求出所有的正整数n,使得$f(n)=\dfrac{15}{2}$.

(ii)请求出所有的正整数n,使得$f(n)=13$.

(iii)请求出使得$f(n)\leq 19$的正整数n的个数.

Ⅱ.下面的(i)~(vi)只需写出结果.

(i)如图1所示,将小正方形排成7×7的方格.在这49个方格中,选取24个涂黑,且上、下、左、右相邻的方格不能同时涂黑.请问共有多少种涂法(翻转或旋转后相同的涂法设为同一种)?

(ii)有10个人只玩了一次"石头、剪子、布",就偶然地分出了胜负.此时,请求出恰有一个人获胜的概率.

(iii)记P为从2 012到4 024的所有整数的乘积,P的末尾有k个连续的0.请求出$\dfrac{P}{10^k}$的个位数字.

(iv)四个正整数a,b,c,d的最大公约数为6,最小公倍数为1 296.请求出这样的四个数有多少组?

这些整数不一定互不相同,例如,$a=6,b=6,c=6,d=1\ 296$和$a=6,b=1\ 296,c=6,d=6$这样只有顺序不同的数组也视为不同的数组.

(v)将十位数字为0,个位数字不为0的三位正整数称为"面包圈数".

已知六位数$N=\overline{49\square\square\square 3}$(该整数十万位为4,万位为9,个位为3)等于两个面包圈数的乘积,请求出所有这样的六位数N.

(vi)将正n边形的n条边延长得到n条直线,它们将平面分成$f(n)$个区域,其中无限大的区域不计算在内.(例如,$f(3)=1$,$f(4)=1,f(5)=6$.)

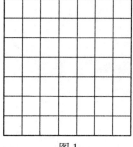

图1

请求出 $f(2\,012)$ 的值.

Ⅲ. 在梯形 $ABCD$ 中,满足 $AD \parallel BC$, $AB = CD = DA = 1$, $\angle ABC = 30°$;在梯形 $PQRS$ 中,满足 $PS \parallel QR$, $PQ = RS = 1$, $QR = BC$, $\angle PQR = 60°$;记 $S_{梯形ABCD} = S_1$, $S_{梯形PQRS} = S_2$,请求出 $S_1 - S_2$ 的值.

日本第13届广中杯预赛试题(2012年)

Ⅰ.以下各问只需写出答案即可.

(i)有一个面积为2 011 的正2 011 边形 S 和一个面积为2 012的正2 012 边形 T. 其中,S 的边长为 s,T 的边长为 t.

关于 s 和 t 的大小关系,请从下面的三个选项中选出正确的一项 ( )

A. $s > t$　　　　B. $s = t$　　　　C. $s < t$

(ii)有一个菱形,边长为4,一个内角为30°. 以这个菱形的一条边所在的直线为轴将它旋转一周,请求出所得到的空间图形的体积.

(iii)在△ABC 中,$AB = 6$,$BC = 4$,$CA = 5$. ∠ABC 的平分线与边 CA 交于点 D. 在边 AB 上取点 E,使得 $\angle ABC = \angle ADE$.

设线段 BD 和 CE 的交点为 P,请求出 $PB:PC:PD:PE$.

(iv)例如,将520 和12 连写可以组成52 012,将5 和2 012 连写可以组成52 012,将5,201 和2 连写,或者将5,20,12 连写,组成的当然也是52 012.

那么,将若干个(至少两个)正整数(笔者注:正整数的首位数字不能是0)连写,组成2 012 012 012 012 的方法有多少种?

(v)在△ABC 中,$AB = AC = 15$,$BC = 12$. 在边 AB 上取点 D,使得 $AD = 9$. 过点 D 作边 BC 的垂线,垂足为 E. 再在边 AC 上取点 F,使得 $BE = CF$.

在△ABC 的内部取点 G,使得∠ABC:∠DEG:∠ADG = 2:2:3.

此时,请求出线段 FG 的长度.

Ⅱ.只写出答案即可.

(i)某个国家的经济状况非常恶劣,所以银行每天从全国的居民银行存款中征收15%作为税金. A 的爸爸有一万元的存款,带着对国家的抗议情绪,决定不取出这些钱.

请问过了一万天后,A 的爸爸的存款会变成多少?

这里,"元"是这个国家的货币单位,税金以1 元为单位征收,小数点后面的部分舍去不计. 例如,如果存款金额的15% 是4 353.9 元,那么实际征收的税金为453 元.

(ii)能被1 111 111 整除的八位数的各位数字之和,共有多少种可能的取值?

（iii）在十进制中，将从前到后读和从后到前读都一样的正整数称为"回文数"．例如，565 和 3 333 是回文数，而 330 不是．

已知 A 是两位的回文数，B 是三位的回文数，它们的乘积 $A \cdot B$ 是五位的回文数．请求出这样的一组 (A, B)．

（iv）四边形 $ABCD$ 满足下面的所有条件
$$AB : BD : DA = 3 : 2 : 3, BC = 2, CD = 5$$
$$\angle BAD + \angle BCD = 90°$$

此时，请求出线段 AC 的长度．

Ⅲ．请写出思考过程，将与答案分别评分．

互不相同的 9 个正整数 $a, b, c, d, e, f, g, h, i (a > b > c > d > e > f > g > h > i \geq 1)$ 满足下面的条件：

在 $a, b, c, d, e, f, g, h, i$ 中，2 的倍数至少有 8 个，3 的倍数至少有 7 个，4 的倍数至少有 6 个，5 的倍数至少有 5 个，6 的倍数至少有 4 个，7 的倍数至少有 3 个，8 的倍数至少有 2 个，9 的倍数至少有 1 个．

（i）请找出这样的一组正整数 $a, b, c, d, e, f, g, h, i$．

但是如果 a 的值超过下面第（ii）问的答案的 2 倍，将认为解答不正确．

（ii）请求出 a 的最小值．

日本第13届广中杯决赛试题(2012年)

Ⅰ.对于正整数n,记$S(n)$为n的正约数之和,$T(n)$为n的正约数的个数,$f(n) = \dfrac{S(n)}{T(n)}$.

例如,10的正约数有1,2,5,10四个,$S(n) = 1 + 2 + 5 + 10 = 18$,$T(n) = 4$,所以$f(10) = \dfrac{9}{2}$.

(i)请求出所有的正整数n,使得$f(n) = \dfrac{15}{2}$.

(ii)请求出所有的正整数n,使得$f(n) = 13$.

(iii)请求出使得$f(n) \leq 19$的正整数n的个数.

Ⅱ.$m \times n$的矩形被分成边长为1的小正方形,在每个小正方形里面画出两条对角线.考虑在这个图形中将若干个小等腰直角三角形的区域涂黑的方法数,且任何两个有公共边的区域不能同时涂黑.

例如,当$m = 1$,$n = 1$时,将2个区域涂黑的方法有且仅有图1的2种(即使旋转后或翻转后相同,也视为不同的方法).

当$m = 2$,$n = 1$时,将4个区域涂黑的方法有且仅有图2的3种.

(i)当$m = 3$,$n = 3$时,将18个区域涂黑的方法有且仅有多少种?

(ii)当$m = 3$,$n = 3$时,将17个区域涂黑的方法有且仅有多少种?

(iii)当$m = 40$,$n = 30$时,将2 399个区域涂黑的方法有且仅有多少种?

(iv)当$m = 40$,$n = 30$时,将2个区域涂黑的方法有且仅有多少种?

图1

图2

Ⅲ.有100个整数$a_1,a_2,a_3,\cdots,a_{100}$.

其中,$a_1 = 1$,$a_2 = 2$,对于任意的整数$n(3 \leq n \leq 100)$,有$a_n = a_{n-1} + a_{n-2}$成立(即$a_3 = a_2 + a_1 = 3$,$a_4 = a_3 + a_2 = 5$,$\cdots$,$a_{100} = a_{99} + a_{98}$).

将这100个数中的3个不同的数相加,得到的数称为"好数".例如,$6(= 1 + 2 + 3)$和$9(= 1 + 3 + 5)$都是"好数".

(i) 若 m 为不小于 8 的整数,且它不是"好数",则 m 的最小值是多少？(只写出答案即可)

(ii) 证明 $3a_{50}$ 是"好数".

(iii) 证明 $5a_{50}$ 是"好数"

(iv) $10a_{50}$ 是不是"好数"？请说明理由.

Ⅳ. 在 $\triangle ABC$ 中, $\angle B : \angle C = 1 : 2$, 边 AB 的垂直平分线与直线 AC 的交点为 D, 此时有 $BD < BC$.

在边 BC 上取点 P, 使得 $CP = BD$. 记 $x = \angle APC$, $y = \angle ABC$, 请用 y 的代数式来表示 x.

Ⅴ. 请回答以下两个问题.

(i) 如果四个实数 a, b, c, d 满足

$$(a+b)c > 0, (b+c)d > 0, (c+d)a > 0, (d+a)b > 0$$

证明 a, b, c, d 全是正数,或全是负数.

(ii) 如果 n 为不小于 4 的整数,并且 n 个实数 $a_1, a_2, a_3, \cdots, a_n$ 满足 n 个不等式

$$(a_1+a_2)a_3 > 0, (a_2+a_3)a_4 > 0, \cdots, (a_{n-2}+a_{n-1})a_n > 0$$

$$(a_{n-1}+a_n)a_1 > 0, (a_n+a_1)a_2 > 0$$

证明 $a_1, a_2, a_3, \cdots, a_n$ 全是正数,或全是负数.

日本第10届初级广中杯预赛试题(2013年)

Ⅰ.像 $\frac{2}{3},\frac{5}{4},\frac{7}{1}$ 这样,分子、分母都是正整数,分子和分母的最大公约数是1的分数叫作正的既约分数.

若 a 和 b 都是正的既约分数,$a \leq b$,且 $a+b=\frac{20}{13}+\frac{13}{20}$,这样的 a 和 b 有多少组?请选出正确的选项:

A. 只有一组

B. 至少有两组,但只有有限组

C. 无限组

Ⅱ.为使下面这句话是正确的,需要在每个括号里填入一个正整数,要求任意两个括号里填入的数都不同.请求出括号里填入的6个正整数之和的最小值.

"2 013被( )除余( ),被( )除余( ),被( )除余( )."

Ⅲ.用0,1,2,3排列成四位数,例如3 210,2 013 等.请找出所有的这些数中最接近它们平均值的那一个.

Ⅳ.在△ABC 中,设边 BC 的中点为 M.过点 M 作 AB 的垂线,垂足为 H,点 H 在线段 AB 上且不是端点.已知 AM=3,AH=2,BH=6.请求出边 AC 的长度.

Ⅴ.有两个沙漏计时器,分别能计量3分钟和7分钟.一开始两个沙漏计时器的沙子都漏尽了,把它们同时倒过来.

A 君每 X 分钟将两个沙漏计时器同时倒过来,B 君每当一个沙漏计时器的沙子漏尽的时候就只将这个沙漏计时器倒过来.另外,如果 A 和 B 同时出现需要将沙漏计时器倒过来,则只有 A 将沙漏计时器倒过来.

如果经过38分钟,第一次出现两个沙漏计时器的沙子同时漏完的情况,请问:X 的值等于多少?

Ⅵ.如图1所示,在 3×3 的方格表中,按照下面的规则将1至9各填入一次.

规则:同一行的方格中左边的数比右边的数大,同一列的方格中上边的数比下边的数大.

请问:共有多少种不同的填法?

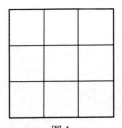

图1

Ⅶ. 若三位数 A 满足 A 的个位数字与 $2A$ 的首位(最高位)数字相等,则这样的 A 共有多少个?

Ⅷ. 在 $\triangle ABC$ 中, $\angle ABC = 28°$, $AB < BC$. 在边 BC 上取点 D, 使得 $AB = CD$, $\angle BAD = 48°$. 请求出 $\angle CAD$ 的度数.

Ⅸ. 若干支球队进行棒球单循环赛. 每场胜负得分规则如下: 如果胜方的净胜球数不小于 2, 则胜方得 3 分, 负方得 0 分; 如果胜方的净胜球数为 1, 则胜方得 2 分, 负方得 1 分. 没有平局.

比赛结束后, 结果如下:

"存在某个队 A, 得到的总分比其他队都多, 但获胜的场数比其他队都少; 还存在某个队 B, 得到的总分比其他队都少, 但获胜的场数比其他队都多."

请问: 至少有多少支球队参加这场单循环赛?

Ⅹ. 将正方形分成 $n \times n$ 个全等的小正方形, 得到方格表. 每个小正方形都可能涂成黑色或白色. 现在, 反复进行下面的操作:

操作: 对于某个方格 A, 如果与它有公共边的方格的颜色都与 A 不同, 就将方格 A 变色(黑变白, 白变黑). 此操作对所有方格同时进行.

例如, 当 $n = 3$ 时, 如果开始的状态如图 2 的左图所示, 经过两次操作后, 第一次所有的方格都变成白色的状态, 如图 2 的右图所示.

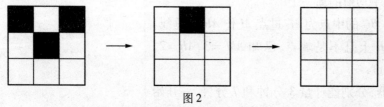

图 2

现在, 当 $n = 2\,013$ 时, 反复进行此操作, 如果经过 K 次操作后, 第一次所有方格都变成白色的状态. 请求出 K 的最大可能取值.

Ⅺ. 在凸四边形 $ABCD$ 中, $AB = BC = CD$, $\angle ABD < \angle ACD$, $\angle ABD + \angle ACD = 180°$, 请求出 $\angle DAC$ 的度数.

日本第10届初级广中杯决赛试题(2013年)

Ⅰ.在6×6的方格表(图1)中,按照下面的规则依次将方格涂黑,如果没有能涂黑的方格了,操作就结束了.

规则:每次只能涂黑一个方格,且每行每列都不允许出现至少三个连续的黑色方格.

设操作结束时涂黑的方格总数为 X. 回答以下问题:

(ⅰ)当 $X=20$ 时,请给出一种操作结束时的涂色方法.

(ⅱ)请求出 X 的最大值,并说明理由.

(ⅲ)请求出 X 的最小值,并说明理由.

((ⅱ)和(ⅲ)的答案和理由分别给分.)

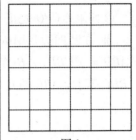

图1

Ⅱ.以下各问只需写出答案.

(ⅰ) a,b,c,d 分别代表 $1\sim9$ 中的一个数字(不同的字母允许代表相同的数字),请根据下面的条件求出它们.

条件:将两位数 $\overline{ab}$ 的倒数 $\dfrac{1}{\overline{ab}}$ 写成小数,得到循环节长度为3的无限小数 $0.\overline{0cd0cd0cd0cd}\cdots$;将两位数 $\overline{cd}$ 的倒数 $\dfrac{1}{\overline{cd}}$ 写成小数,得到循环节长度为3的无限小数 $0.\overline{0ab0ab0ab0ab}\cdots$. 另外,两位数 $\overline{ab}$ 比 $\overline{cd}$ 小.

(ⅱ)按照下面的两个规则对给定的数进行操作:

A. 将原来的数乘以3,再加上1;

B. 将原来的数乘以3,再加上2.

从1开始按照两个规则进行操作(每个规则都要使用至少一次),能够得到2 013以内的正整数有多少个?

(选择什么规则,中途是否改变规则,都不限制.例如,从1开始,按照 $B-A-B$ 的顺序操作,得 $1\to 5\to 16\to 49\to 151$,所以151是一个能够从1开始,使用这两个规则经过若干次操作得到的数.)

(ⅲ)凸四边形 $ABCD$ 满足下面的条件

$\angle ABC=150°, \angle BAD=36°, BC=CD, AC=AD.$

请求出 $\angle BCD$ 的度数.

(ⅳ)将从1至9的正整数分成三组 A,B,C,使得

A 组所有数之和 > B 组所有数之和 > C 组所有数之和

A 组所有数之积 < B 组所有数之积 < C 组所有数之积

请给出两种这样的分组方法.

(v) 在长方形 $ABCD$ 中,点 P 在边 AB 上,使得 $AP:PB = 2:1$,点 Q 在边 AD 上.

① 如果 $PC = PQ$, $\angle CPQ = 90°$,请求出 $AB:BC$.

② 如果 $\triangle CPQ$ 是正三角形,请求出 $AQ:QD$.

Ⅲ. 在凸四边形 $ABCD$ 中,$AB = 4$, $BC = 3$, $BD = 7$, $AC = AD$, $\angle ABD = \angle CBD$, $\angle BPC \neq \angle BAD$, AC 与 BD 的交点为 P,请问 $\angle BDC$ 等于 $\angle ABC$ 的几倍? 请说明理由.

日本第14届广中杯预赛试题(2013年)

Ⅰ.以下各问只需写出答案即可.

(i)像$\frac{2}{3},\frac{5}{4},\frac{7}{1}$这样,分子、分母都是正整数,分子和分母的最大公约数是1的分数叫作正的既约分数.

若a和b都是正的既约分数,$a \leqslant b$,且$a+b=\frac{20}{13}+\frac{13}{20}$,这样的$a$和$b$有多少组?请选出正确的选项:

A. 只有一组

B. 至少有两组,但只有有限组

C. 无限组

(ii)七位数□0□□0□□是2 013的倍数,请在每个方框中填1至9中的一个数字,并且要求这些数字互不相同.(只需写出一个答案即可)

(iii)凸六边形P是中心对称图形,将P的三个顶点连成三角形,请问至多有多少种连法?(全等的三角形视为同一种)

(iv)三位正整数X的个位数字不是0,如果$3X$的反序数再加上7后恰好等于X,请求出一个这样的X.(例如,567的反序数是765,565的反序数还是565.)

(v)如图1所示(图仅供参考,画的不一定准确),在△ABC中,$AB=AC=8$,在边BC上取点D,使得$BD=4$,$\angle BAD : \angle CAD = 1:2$.过点$A$作圆,它与直线$BC$切于点$D$,与边$AB$和$AC$的异于$A$的交点分别为$E$和$F$.请求出线段$EF$的长度.

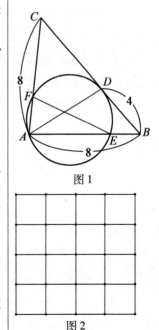

图1

Ⅱ.只写出答案即可.

(i)如图2所示,纵向和横向的道路各有5条,等间隔排布.从25个交叉点(即图中的"·")中选取3个,使得任意两点之间的最短距离(指沿着道路的最短距离)都相等,请问:这样的取法有多少种?

(ii)①将各位数字互不相等的四位正整数从小到大排列,2 013排在第几位?

②将各位数字互不相等且被11整除的四位正整数从小到大排列,2 013排在第几位?

图2

(iii)若干支球队进行棒球单循环赛.每场胜负得分规则如下：如果胜方的净胜球数不小于 2,则胜方得 3 分,负方得 0 分;如果胜方的净胜球数为 1,则胜方得 2 分,负方得 1 分.没有平局.

比赛结束后,结果如下：

"存在某个队 A,得到的总分比其他队都多,但获胜的场数比其他队都少;还存在某个队 B,得到的总分比其他队都少,但获胜的场数比其他队都多."

请问：至少有多少支球队参加这场单循环赛？

(iv)将正方形分成 $n \times n$ 个全等的小正方形,得到方格表.每个小正方形都可能涂成黑色或白色.现在,反复进行下面的操作：

操作对于某个方格 A,如果与它有公共边的方格的颜色都与 A 不同,就将方格 A 变色(黑变白,白变黑).此操作对所有方格同时进行.

例如,当 $n = 3$ 时,如果开始的状态如图 3 的左图所示,经过两次操作后,第 次所有的方格都变成是白色的状态,如图 3 的右图所示.

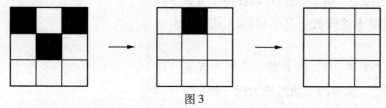

图 3

现在,当 $n = 2\,013$ 时,反复进行此操作,如果经过 K 次操作后,第一次所有方格都变成是白色的状态.请求出 K 的最大可能取值.

Ⅲ. 在 $\triangle ABC$ 中,$AB = AC$,在边 BC 上取点 D,使得 $\angle BAD : \angle CAD = 1:2$,在线段 AD 的延长线上取点 E,使得 $AB = DE$. 证明:$AB = BE$. (需要写出过程并需要在答题纸上画出图.)

日本第14届广中杯决赛试题(2013年)

Ⅰ.在 6×6 的方格表(图1)中,按照下面的规则依次将方格涂黑,如果没有能涂黑的方格了,操作就结束了.

规则:每次只能涂黑一个方格,且每行每列都不允许出现至少三个连续的黑色方格.

设操作结束时涂黑的方格总数为 X. 回答以下问题:

(i) 当 $X = 20$ 时,请给出一种操作结束时的涂色方法.

(ii) 请求出 X 的最大值,并说明理由.

(iii) 请求出 X 的最小值,并说明理由.

((ii)和(iii)的答案和理由分别给分.)

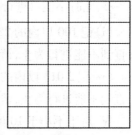

图1

Ⅱ.设 n 是正整数,将从1到 n^2 的所有整数分成 n 组 $A_1, A_2, A_3, \cdots, A_n$,使得:

A_1 组所有数之和 > A_2 组所有数之和 > A_3 组所有数之和 > $\cdots$ > A_n 组所有数之和;

A_1 组所有数之积 < A_2 组所有数之积 < A_3 组所有数之积 < $\cdots$ < A_n 组所有数之积.

也就是说,只要 $1 \leq i < j \leq n$,就有

A_i 组所有数之和 > A_j 组所有数之和

且

A_i 组所有数之积 < A_j 组所有数之积

必然成立.

回答下列问题:

(i) 当 $n = 3$ 时,这样的分组是可能的. 例如, A_1 组有7和9, A_2 组有1,2,4,8, A_3 组有3,5,6,则有

$7 + 9 > 1 + 2 + 4 + 8 > 3 + 5 + 6, 7 \times 9 < 1 \times 2 \times 4 \times 8 < 3 \times 5 \times 6$

也就是说,这确实是一种符合题意的分组方法.

请找出当 $n = 3$ 时的另一种分组方法,只写出答案即可.

(ii) 当 $n = 9$ 时,是否存在符合题意的分组方法? 请说明理由.

Ⅲ. 100 以内的素数有 2,3,5,7,11,13,17,19,23,29,31,37,41,43,47,53,59,61,67,71,73,79,83,89,97,共25个.

现在,对整数 X 可以进行下面的操作:

操作1：取 X 的一个大于1且个位数字为1的约数 Y，将 X 变成 $\dfrac{X}{Y}$.

操作2：取 X 的一个个位数字为3的约数 Z，将 X 变成 $\dfrac{X}{Z}$.

例如，$2\,013 = 3 \times 11 \times 61$，连续进行操作1，得到 $2\,013 \xrightarrow{\div 61} 33 \xrightarrow{\div 11} 3$，此时不能再进行操作1了.

（i）记100以内的25个素数的乘积为 P. 对 P 连续进行操作1，直到不能进行为止，请求出最后得到的数的最小可能取值.

（ii）记2 013以内的所有素数的乘积为 Q. 对 Q 连续进行操作2，直到不能进行为止，请求出最后得到的数的最小可能取值.

Ⅳ. 对于不小于10的整数，观察其所有的两位相邻的数字，如果左边的数字总是不超过右边的数字，就称为"好数"．例如，17和11 235都是好数.

选取若干个互不相等的两位好数，其中任意两个数之和都是好数，考虑选取的好数尽可能多的情况．回答下列问题：

①二位好数共有多少个？只写出答案即可.

②选取符合条件的11个好数，请写出它们，只需要找出一组即可，只写出答案即可.

③能否选取符合条件的12个好数？请说明理由.

Ⅴ. 在长方形 $ABCD$ 的边 CD 和 AD 上分别取点 P 和 Q，使得 $\triangle BPQ$ 是正三角形，$\triangle BCP$ 的面积等于1，$\triangle ABQ$ 的面积等于4. 请求出 $\triangle DPQ$ 的面积.

日本第 11 届初级广中杯预赛试题(2014 年)

在以下的题目中,第 I~X 题只需写出答案,第 XI 题需写出答案和解题过程.

Ⅰ. 从 1 到 2 014 的整数中取出三个互不相同的数求和,请问这个和有多少种不同的取值.

Ⅱ. 有一个整数,减去 1 得到 2 的倍数,减去 2 得到 3 的倍数,减去 3 得到 4 的倍数,减去 4 得到 5 的倍数,减去 5 得到 6 的倍数,减去 6 得到 7 的倍数,减去 7 得到 8 的倍数,减去 8 得到 9 的倍数,减去 9 得到 10 的倍数,减去 10 得到 11 的倍数. 在这样的整数中,求出最接近 2 014 的.

Ⅲ. 如图 1 所示(图 1 仅供参考,画的不一定准确),在直角 △ABC 中,∠A = 90°,∠C = 66°. 在边 CA 上取点 P,边 AB 上取点 Q,边 BC 上取点 R 和 S,使得四边形 PQRS 是菱形,其中 ∠QPS = 48°.

已知菱形 PQRS 的面积等于 30,求 △ABC 的面积.

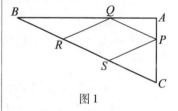

图 1

Ⅳ. 对于正整数 n,将从 1 到 n 的所有正整数的乘积记为 n!. 请根据以下三人的发言,求出 88! 被 101 除所得的余数. 已知三个人的发言中有且只有一句是真话.

广志:85! 被 101 除所得的余数是 6.

广木:86! 被 101 除所得的余数是 11.

广子:87! 被 101 除所得的余数是 7.

Ⅴ. 从 1 000 到 1 998 的所有整数的乘积为 A,从 2 000 到 3 998 的偶数中选出 x 个不同的数,使它们的乘积是 A 的倍数. 求 x 的最小值.

Ⅵ. 如果一个正整数任取它的两个不同数位上的数字相加,得到的所有可能的和互不相等,就称为好数. 例如,12 840 是好数,3 343 和 1 230 都不是好数. 请问:

(i) 在三位数中共有多少个好数?

(ii) 在四位数中共有多少个好数?

(iii) 最大的好数是多少?

Ⅶ. 在凸四边形 ABCD 中,两条对角线的长度分别为 AC = 4, BD = 5.

(i) 求四边形 $ABCD$ 的面积的最大值.

(ii) 如果 $\angle A = \angle C = 90°$, $AB = 3$, 求边 CD 的长度.

Ⅷ. 请分别在方框中填入适当的正整数使得下面的等式成立. (i) 的左边表示底数是 1.8 的幂, (ii) 的左边底数中的方框表示小数点后的第一位数字. 请注意, (i) 和 (ii) 右边小数点后第四位及之后的数字都省略了.

(i) $1.8^{\square} = 1\,156.831\cdots$.

(ii) $3.\square 4^6 = 1\,156.831\cdots$.

Ⅸ. 我们考虑像 2 020 这样, 恰好由两种不同数字组成的四位数. 请问:

(i) 在 2 014 以内, 符合这样条件的数共有多少个?

(ii) 符合条件的所有数共有多少个?

(iii) 符合条件的所有数之和除以第 (ii) 问的答案等于多少?

Ⅹ. 这个春天, 日本的消费税率从 5% 变成了 8%. 某商品 X 在税率变更前后, 含税之后的价格相差了 100 日元. 计算商品包含消费税的价格, 是将设定的商品"原价"加上税率比例后得到的价格. 商品的原价用正整数日元表示 (小数点后的金额舍去不计). 请问:

(i) X 的原价的最小值是多少?

(ii) X 的原价的最大值是多少?

(iii) X 的原价可能取到的金额共有多少种?

Ⅺ. 能够表示为两个整数之比的数称为有理数, 例如 $\frac{2}{3}$ 和 $\frac{5}{1}$. 已知有理数可以表示为下面的数中的一种:

(a) 有限小数, 例如 $\frac{3}{1} = 3$, $\frac{5}{4} = 1.25$;

(b) 纯循环小数, 例如 $\frac{1}{3} = 0.333\,3\cdots$, $\frac{1}{7} = 0.142\,857\,142\,857\cdots$;

(c) 混循环小数 (即从某一位开始反复出现), 例如 $\frac{3}{22} = 0.136\,363\,6\cdots$, $\frac{17}{12} = 1.416\,666\cdots$.

请问:

(i) 在 "0." 之后将整数 1, 2, 3, $\cdots$ 从小到大连续写出来, 得到的无限小数 $M = 0.123\,456\,789\,101\,112\,131\,4\cdots$ 是有理数吗?

(ii) 在 "0." 之后将 2 的正整数次幂 2, 4, 8, $\cdots$ 从小到大连续写出来, 得到的无限小数 $N = 0.248\,163\,264\,128\,256\,512\cdots$ 是有理数吗?

日本第11届初级广中杯决赛试题(2014年)

Ⅰ. 从1到 n 的整数中选出若干个互不相等的数,按照下面的条件排成一列:从第2个数开始,每个数都是它前一个数的倍数或约数. 例如,当 $n=3$ 时,可以将 $1,2,3$ 排列成 $3,1,2$.

请回答下列问题(只需写出答案):

(i) 正整数 n 不超过 2 014,而且能够像 $n=3$ 那样,将从1到 n 的所有正整数排列成符合题意的一列数,请求出这样的 n 的最大值.

(ii) 当 $n=18$ 时,请求出至多能够将多少个整数按条件排成一列,并写出一种排列方法.

Ⅱ. 以下各问只需写出答案.

(i) 在 $Rt\triangle ABC$ 中,$AB=3$,$BC=5$,$\angle ABC=90°$. 以斜边 AC 为一边,向 $\triangle ABC$ 的外侧作正方形 $ACDE$,线段 BD 与 AC 交于点 P,请求出线段的长度比 $AP:PC$.(图1可以用来参考,但不一定准确.)

(ii) 共有10级楼梯,吉久君一步可跨 $1,2,3,4,5,6$ 或 7 级楼梯. 请问:吉久君共有多少种方法登上这10级楼梯.

(iii) 将 2014^{2014} 的所有正约数从小到大排列,2014 是其中的第几个?(请注意,1 也是 2014^{2014} 的约数.)

(iv) 请求出所有的整数 a,使得存在整数 x 和 y,满足 $ax-y=ay-7x=1$.

(v) 如图2所示,四边形 $ABCD$ 是由两个斜边长为 x 的直角三角形拼成的,其面积为 1,$\angle BAD=89°$,$\angle BAC=31°$. $\triangle TUV$ 是斜边长为 x 的直角三角形,$\angle TUV=63°$,$TV=y$. 四边形 $PQRS$ 是平行四边形,其中 $PQ=y$,$PS=x$,$\angle QPS=a°$,其面积为2. 请求出 a 的值.(图2中的角度和长度不一定准确)

(vi) 两个人根据下面的规则玩游戏:

规则:黑板上写有从1到 n 的正整数,两个人轮流选一个数,画上〇,已经画过〇的数不能再画. 如果画有〇的所有数之和是3的倍数,游戏就结束了,最后画〇的人输了. 如果所有的数都画了〇,游戏还没有结束,就算平局.

两个人都按照最佳策略进行游戏,请回答下列问题:

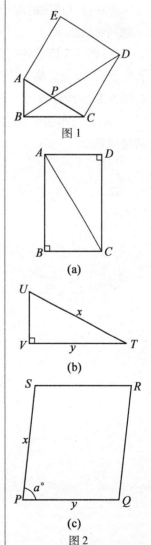

图1

图2

①当 $n=15$ 时,是先手必胜、后手必胜,还是平局?
②当 $n=20$ 时,是先手必胜、后手必胜,还是平局?
③当 $n=25$ 时,是先手必胜、后手必胜,还是平局?
④当 $2 \leq n \leq 2014$ 时,共有多少个 n,使得先手必胜?

Ⅲ. 在凸多边形的内部取若干个点,将多边形的顶点和内部的点连线,内部的点之间连线,将多边形分成若干个三角形. 如果多边形的顶点和内部的点中的任意三点不共线,这些连线除了在端点外互不相交,就把这样得到的图形称为"三角图". 多边形的顶点和内部的点都称为三角图的顶点,多边形的边和连出来的线段都称为三角图的边.

例如,图 3 是有 8 个顶点和 15 条边的三角图的例子,而图 4 的内部还剩下一个四边形,所以它不是三角图.

现在将三角图的若干个顶点涂黑,但任意一条边的两个顶点不能同时涂黑.

(i)在图 5 所示的三角图中,最多能将多少个顶点涂黑?请回答出个数,以及它确实达到了最大值的理由. (在答题纸上已经画有图 5,以方便作答.)

(ii)在三角图中,涂黑的顶点数能否超过所有顶点数的一半?请说明理由.

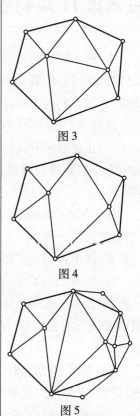

图 3

图 4

图 5

日本第15届广中杯预赛试题(2014年)

Ⅰ.以下各题只需写出答案.

(i)半径为3的圆和半径为1的圆外切,记它们的两条外公切线所夹的角为 $\alpha(0°<\alpha\leqslant 90°)$,请选出正确的选项.

A. $0°<\alpha<30°$　　B. $\alpha=30°$　　C. $30°<\alpha<45°$
D. $\alpha=45°$　　E. $45°<\alpha<60°$　　F. $\alpha=60°$
G. $60°<\alpha<90°$　　H. $\alpha=90°$

(ii)有一个整数,加上1得到2的倍数,加上2得到3的倍数,加上3得到4的倍数,加上4得到5的倍数,加上5得到6的倍数,加上6得到7的倍数,加上7得到8的倍数,加上8得到9的倍数,加上9得到10的倍数.请在这样的整数中求出最接近2 014的.

(iii)将棱长为2的正方体去掉一个面,由剩余的5个面组成一个没有盖的箱子.

如图1所示,在没有面的部分放一个半径大于1的球 S,如果 S 上的点与箱子的底面的最远距离等于8,请求出能够将正方体箱子和球 S 一起容纳下的球 T 的半径的最小值.

图1

(iv) A 与 B 两人进行猜拳游戏,规则是谁先赢9局,谁就最终获胜.结果, A 最终获胜了.

请问(以下不考虑平局的情形):

①满足条件的 A 与 B 的胜负的赛程共有多少种?

②如果在自始至终的过程中, A 与 B 的获胜局数相等的时刻只出现了6次(例如: B 一开始8连胜,然后 A 再9连胜,则 A 与 B 的获胜局数相等的时刻只出现了1次),满足这样条件的 A 与 B 的胜负的赛程共有多少种?

(v)给定正整数 n,计算 n^n,得到73位数2 0507 7382 3560 6100 5364 5205 6091 7237 6035 4861 7983 6520 6075 4729 4916 9661 8936 7296(为了方便阅读,四位一段).请求出 n 的值.

Ⅱ.以下各问只需写出答案.

(i)从1 000到9 999的所有整数的乘积记为 A,从2 000到19 998的偶数中选出 x 个不同的数,使它们的乘积是 A 的倍数.请求出 x 的最小值.

(ii) 正奇数 n 使得 n^2 是十位数，其万位数字和十万位数字都是 2，请写出一个这样的 n.

(iii) 这个春天，日本的消费税率从 5% 变成了 8%. 某商品 X 在税率变更前后，含税之后的价格相差了 100 日元. 计算商品包含消费税的价格，是将设定的商品"原价"加上税率比例后得到的价格. 商品的原价用正整数日元表示（小数点后的金额舍去不计）. 请问：

①X 的原价的最小值是多少？

②X 的原价的最大值是多少？

③X 的原价可能取到的金额共有多少种？

(iv) A,B,C,D,E 五人进行猜拳游戏，结果没有分出胜负. 下面是个人的感想：

A："如果 B 没参加，我就是获胜方了."

B："如果 C 没参加，我就是获胜方了."

C："如果 D 出石头，我就是获胜方了."

D："如果 E 出剪子，我就是获胜方了."

E："如果 A 出布，我就是获胜方了."

其中，只有一部分人说了真话.

①在 $A\sim E$ 中，最多有多少人说了真话？

②当说真话的人数达到最大值的时候，五人出拳的可能方式有多少种？

Ⅲ. 此题需写出解题过程并需画图.

在 $\triangle ABC$ 中，$AC=3$，$\angle B=60°$. 在边 AC 上取点 P 和 Q，使得 $\angle ABP=\angle CBQ=15°$. 已知 $\triangle BPQ$ 的外接圆半径等于 1. 求 $\triangle ABC$ 的面积.

日本第15届广中杯决赛试题(2014年)

Ⅰ.从1到n的整数中选出若干个互不相等的数,按以下条件排成一列:

从第2个数开始,每个数都是它前一个数的倍数或约数.例如,当$n=3$时,可以将3个数1,2,3排成3,1,2.

请回答下列问题((ⅰ)和(ⅱ)只需写出答案):

(ⅰ)正整数n不超过2 014,而且能够像$n=3$那样,将1到n的所有正整数排成符合题意的一列,请求出这样的n的最大值.

(ⅱ)当$n=18$时,请问至多能将多少个整数按条件排成一列,并写出一种排列方法.

(ⅲ)证明:当$n=2014$时,不能将1 877个整数按条件排成一列.

2 014以内的质数共305个,列表如下(表1),可以参考.

表1

2	3	5	7	11	13	17	19	23	29
71	31	37	41	43	47	53	59	61	67
73	79	83	89	97	101	103	107	109	113
127	131	137	139	149	151	157	163	167	173
179	181	191	193	197	199	211	223	227	229
233	239	241	251	257	263	269	271	277	281
283	293	307	311	313	317	331	337	347	349
353	359	367	373	379	383	389	397	401	409
419	421	431	433	439	443	449	457	461	463
467	479	487	491	499	503	509	521	523	541
547	557	563	569	571	577	587	593	599	601
607	613	617	619	631	641	643	647	653	659
661	673	677	683	691	701	709	719	727	733
739	743	751	757	761	769	773	787	797	809
811	821	823	827	829	839	853	857	859	863
877	881	883	887	907	911	919	929	937	941

续表1

947	953	967	971	977	983	991	997	1 009	1 013
1 019	1 021	1 031	1 033	1 039	1 049	1 051	1 061	1 063	1 069
1 087	1 091	1 093	1 097	1 103	1 109	1 117	1 123	1 129	1 151
1 153	1 163	1 171	1 181	1 187	1 193	1 201	1 213	1 217	1 223
1 229	1 231	1 237	1 249	1 259	1 277	1 279	1 283	1 289	1 291
1 297	1 301	1 303	1 307	1 319	1 321	1 327	1 361	1 367	1 373
1 381	1 399	1 409	1 423	1 427	1 429	1 433	1 439	1 447	1 451
1 453	1 459	1 471	1 481	1 483	1 487	1 489	1 493	1 499	1 511
1 523	1 531	1 543	1 549	1 553	1 559	1 567	1 571	1 579	1 583
1 597	1 601	1 607	1 609	1 613	1 619	1 621	1 627	1 637	1 657
1 663	1 667	1 669	1 693	1 697	1 699	1 709	1 721	1 723	1 733
1 741	1 747	1 753	1 759	1 777	1 783	1 787	1 789	1 801	1 811
1 823	1 831	1 847	1 861	1 867	1 871	1 873	1 877	1 879	1 889
1 901	1 907	1 913	1 931	1 933	1 949	1 951	1 973	1 979	1 987
1 993	1 997	1 999	2 003	2 011					

Ⅱ. 如图1所示,将半径为1的7×7个圆拼成正方形的形状,要求相邻的圆两两外切. 从中选择若干个圆,即使翻转或旋转后重合也视为不同的选择方法.

请问(只需写出答案):

(ⅰ)从中选出12个圆,使得存在一条直线与它们都相切,共有多少种选择方法?

(ⅱ)从中选出3个圆,使得存在一个圆与它们都外切,共有多少种选择方法?

注 两个圆外切是指它们恰有一个公共点,且内部没有公共部分.

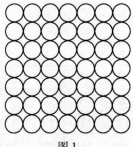

图1

Ⅲ. (ⅰ)证明存在2 014个互不相同的正整数,使得它们的倒数和是整数.

(ⅱ)是否存在2 014个连续的正整数,使得它们的倒数和是整数? 请说明理由.

(ⅲ)是否存在2014^{2014}个连续的正整数,使得它们的倒数和是整数? 请说明理由.

Ⅳ. 在凸四边形$ABCD$中,$AB = CD$,$\angle BAD = 28°$,$\angle ADC = 32°$. 设对角线AC和BD的交点为P,$\triangle ABP$和$\triangle CDP$的外接圆的异于P的交点为Q. 请求出$\angle APB + \angle BQC$的度数.

Ⅴ. 在凸多边形的内部取若干个点,将多边形的顶点和内部的点连线,内部的点之间连线,将多边形分成若干个三角形. 如果多边形的顶点和内部的点中的任意三点不共线,这些连线除了在端点外互不相交,就把这样得到的图形称为"三角图". 多边形的顶点和内部的点都称为三角图的顶点,多边形的边和连出来的线段都称为三角图的边.

例如,图 2 是有 8 个顶点和 15 条边的三角图的例子,而图 3 的内部还剩下一个四边形,所以它不是三角图.

现在将三角图的若干个顶点涂黑,但任意一条边的两个顶点不能同时涂黑.

(i)在图 4 所示的三角图中,最多能将多少个顶点涂黑? 请回答出个数,以及它确实达到了最大值的理由.

(ii)在三角图中,涂黑的顶点有 X 个,没涂黑的顶点有 Y 个,能否使得 $X \geq Y + 2014$? 请说明理由.

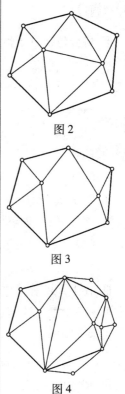

图 2

图 3

图 4

日本第12届初级广中杯预赛试题(2015年)

在以下的题目中,第 I ~ X 题只需写出答案,第 XI 题需写出答案和解题过程.

I. 将分母比分子恰好大1的2 015个分数相加得到 $R = \frac{1}{2} + \frac{2}{3} + \frac{3}{4} + \cdots + \frac{2\,015}{2\,016}$,将分子比分母恰好大1的2 010个分数相加得到 $S = \frac{2}{1} + \frac{3}{2} + \frac{4}{3} + \cdots + \frac{2\,011}{2\,010}$,请从下面3个大小关系中选出正确的答案.

 A. $R > S$ B. $R = S$ C. $R < S$

II. 将平成27年(即公元2015年)的365天的日期均表示成六位数,例如平成27年6月14日用"270 614"表示,平成27年12月1日用"271 201"表示.那么,其中共有多少个六位数是31的倍数?

III. 在下面的算式中,一个四位数的平方加上另一个四位数的平方等于一个七位数(其中,相同的字母表示相同的数字,不同的字母表示不同的数字).请用数字表示这个算式

$$\overline{abbc}^2 + \overline{cbba}^2 = \overline{dbbebbd}$$

IV. 请写出一个2 015的倍数,使其个位数字都是奇数,且其位数不超过12.

V. 已知 n 为正整数,请在□中填入适当的数:如果认为答案是无限,就填"∞".

(i) 从1至 n 的正整数中,"是7的倍数而不是13的倍数的数的个数"恰好等于"是13的倍数而不是7的倍数的数的个数"的两倍.这样的有□个.

(ii) 从1至 n 的正整数中,"是7的倍数而不是14的倍数的数的个数"恰好等于"是14的倍数而不是7的倍数的数的个数"的两倍.这样的有□个.

(iii) 从1至 n 的正整数中,"是7的倍数而不是15的倍数的数的个数"恰好等于"是15的倍数而不是7的倍数的数的个数"的两倍.这样的有□个.

Ⅵ. 箱子里有很多卡片,每张卡片上写有 S,B 或 F. 从箱子中依次取出卡片,在 S 和 F 总共已经取出了至少两张的状态下,再取出一张 S,就称为形成了"一组",停止取卡片.

如果 X 君直到取了 10 张卡片,才形成了一组,且其中共取出了 3 张写着 B 的卡片(例如,F→S→B→B→F→F→B→F→F→S 可能是一种取出卡片的序列). 请问,X 君取出卡片的序列共有多少种可能性?

Ⅶ. 在 Rt△ABC 中,BC = 30,CA = 40,AB = 50. 在斜边 AB 上取两点 P 和 Q,使得 AP:QB = 2:1,且 A,P,Q,B 四点按这个顺序排列.

当∠PCQ = 45°时,请求出线段 PQ 的长度.

Ⅷ. 从 1 开始,每次操作将当前的数与其各位上的数字和相加,反复进行这样的操作,形成数列 1→2→4→8→16→23→28→38→…,也就是说 38 是这个数列的第 8 项. 已知这个数列的第 15□项是 2 015,请问,□中应填入 0~9 中的哪个数字?

Ⅸ. 图 1 中共有多少个矩形,其内部至少包含一个"●"?正方形也算矩形.

Ⅹ. 如图 2 所示,在正方形 ABCD 中,记边 AD 的中点为 E,将边 AB 内分为 1:2 的点为 F,边 BC 的中点为 G,以点 B 为圆心,AB 为半径的扇形的弧与线段 EF 和 DG 分别交于点 P 和 Q.

(ⅰ)请求出 EP:PF.

(ⅱ)请求出 DQ:QG.

Ⅺ. 已知凸四边形 ABCD 满足 AB = AC,BC = BD,∠CBD = 28°,∠ADB = 30°,请求出∠BAD 的度数.

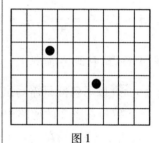

图 1

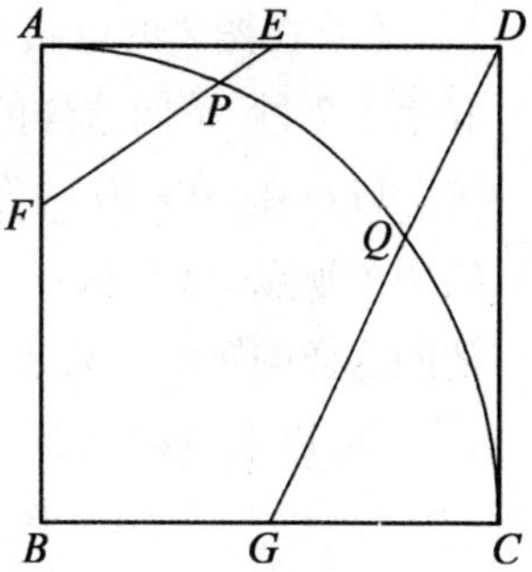

图 2

日本第 12 届初级广中杯决赛试题(2015 年)

Ⅰ.用单位正方形拼成大正方形网络,点 P 按照下面的规则沿单位正方形的边行进:

(1)走一个单位长需要 1 秒钟.

(2)如果在可拐弯处选择直行,那么由此处开始直行的一个单位长需要的时间是前一个单位长所需要时间的一半.

(3)如果继续直行,那么每走一个单位长需要的时间都是走前一个单位长所需要的时间的一半.

(4)如果在可拐弯处选择拐弯,那么速度恢复初始值.

例如,如果在图 1 的网络中沿粗线行进,那么从 A 到 B 需要 $1 + \frac{1}{2} + \frac{1}{4} = \frac{7}{4}$ 秒,从 B 到 C 需要 $1 + \frac{1}{2} = \frac{3}{2}$ 秒,从 C 到 D 需要 1 秒,从 D 到 E 需要 $1 + \frac{1}{2} = \frac{3}{2}$ 秒,共需要 $\frac{23}{4}$ 秒.

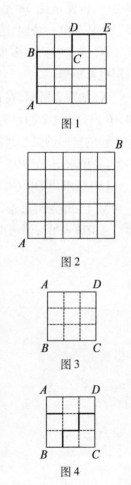

图 1

图 2

图 3

图 4

(以下各问只需写出答案.)

(i)在图 2 的道路中,点 P 从点 A 到点 B 不绕远行进的话,恰好用了 7 秒. 请在图 2 中画出一种走法(一种即可).

(ii)在图 2 的道路中,点 P 从点 A 到点 B 不绕远行进的话,恰好用了 7 秒. 请问这样的走法共有多少种?

(iii)在 10×10 的方格网络中,A 和 B 是距离最远的大正方形的两个顶点. 点 P 从点 A 到点 B 不绕远行进的话,恰好用了 14 秒. 请问这样的走法共有多少种?

Ⅱ.以下各问只需写出答案.

(i)在 Rt△ABC 中,∠B = 90°,∠B 的平分线与边 AC 的交点为点 P,∠C 的平分线与边 AB 的交点为点 Q,∠AQP = ∠BQC,请求出 ∠APQ 的度数.

(ii)在图 3 中,有一张边长为 3 的正方形纸 ABCD,上面画有 3×3 的方格线. 沿着方格线用刻刀切口长度为 1 的切口(小正方形的任意一条边均为一个切口). 切若干次之后,纸不能被切断. 例如,如果沿着图 4 的粗线切,包含 A 的部分和包含 C 的部分就被断开了,这不符合要求. 而如果沿着图 5 的粗线切,纸没有被切断,符合要求.

①最多可以切多少个切口?

②设①中的答案为 N. 切 N 个切口使得纸没有被切断的方法共有多少种?(像图 5 和图 6 那样,旋转后重合的切法也视为不同的方法.)

(iii)在 □$ABCD$ 中,$\angle BAC:\angle DAC=3:2$. 在边 BC 上取点 P,使得 $2\angle BAP=\angle CAP$,$AP:BP=3:1$. 又设对角线 AC 的中点为 M,直线 PM 与直线 CD 的交点为点 Q,联结 AQ,请求出 $AB:AQ$ 的比值.

(iv)有四张卡片,正面是红色,背面是蓝色. 一开始都是正面朝上,分别写上数字 1,2,3,4. 然后全部翻过来,重新排列后背面分别写上数字 1,2,3,4,这样就得到了两面各有一个数字的四张卡片. 用这四张卡片中的三个红色面和一个蓝色面上的数字可以组成 60 个不同的四位数. 请问,用这四张卡片中的两个红色面和两个蓝色面上的数字可以组成多少个不同的四位数.(颜色的顺序不同而数字顺序相同的四位数视为同一种.)

(v)正整数 N 至少有 4 个约数,这些约数不小于 2 且不大于 99,如果这些约数各数位上的数字个数是 2,请写出满足条件的正整数 N 的最小值.

(vi)某个公园的池塘周围有一圈环形的人行道,周长为 1 km. 人行道上有一把长椅. 约翰、万次郎、花子三人从长椅的位置出发,按照下面的规则散步:

①约翰沿着人行道以一定的速度顺时针步行.

②万次郎沿着人行道以每分钟 80 m 的速度逆时针步行.

③花子一开始和约翰保持同步步行,遇到万次郎立即变成和万次郎同步步行,再遇到约翰又立即变成和约翰同步步行,按照这个规律继续交替和约翰或万次郎同步步行.

当三人从长椅的位置一起出发,花子从最初长椅的位置出发到下一次经过长椅的位置时共走了 3 560 m. 请求出约翰步行的速度是每分钟多少米?

Ⅲ. 需要写出思考过程,过程和答案分别给分.

如图 7 所示,100 个人戴着面具,编号为 1 到 100,其中有 51 个天使,49 个恶魔,等间隔地围成一圈. 天使和恶魔互相知道谁是天使,谁是恶魔. 让他们分别发言,1 号说:"有两个恶魔在圆的一条直径的两端."

在其他 99 人中,有 50 人说"我两侧相邻的人中至少有一个恶魔",剩下的 49 人说"我两侧相邻的人中没有恶魔". 天使总是说真话,恶魔总是说假话. 你需要去思考:1 号到 100 号中哪些人是恶魔? 2 号到 100 号的发言分别是什么?

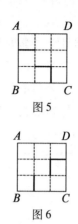

图 5

图 6

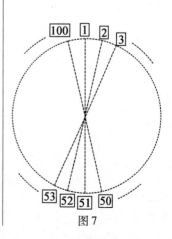

图 7

(i)请从下面3个选项中选择你认为正确的一项,并说明理由.

A. 1号一定是天使

B. 1号一定是恶魔

C. 1号可能是天使,也可能是恶魔

(ii)如果1号改说"与我相邻的两人中没有恶魔",请问:"在1号到100号中哪些人是恶魔?2号到100号的发言分别是什么?"共有多少种可能?

日本第16届广中杯预赛试题(2015年)

Ⅰ. 以下各问只需写出答案.

(i) 将分母比分子恰好大 1 的 2 015 个分数相加得到 $R = \dfrac{1}{2} + \dfrac{2}{3} + \dfrac{3}{4} + \cdots + \dfrac{2\,015}{2\,016}$,将分子比分母恰好大 1 的 2 010 个分数相加得到 $S = \dfrac{2}{1} + \dfrac{3}{2} + \dfrac{4}{3} + \cdots + \dfrac{2\,011}{2\,010}$,请从下面 3 个大小关系中选出正确的答案.

A. $R > S$ B. $R = S$ C. $R < S$

(ii) 在矩形 $ABCD$ 中,$AB = 5$,$BC = 8$. 如图 1 所示,作其外接圆,在边 AD 上取点 F 和 G,在外接圆上取点 E 和 H,构成和矩形 $ABCD$ 形状相同的矩形 $EFGH$($EF:FG = 5:8$). 请求出边 EH 的长度.

(iii) 骰子各面的点数分别为 1 至 6,反复地掷骰子,将出现的点数之和写在纸上. 例如,如果掷出的点数依次为 $3 \rightarrow 4 \rightarrow 2$,则写在纸上的总和为 $3 \rightarrow 7 \rightarrow 9$.

如果纸上写出的总和是 6 的倍数,就结束了,停止掷骰子. 如果掷了 6 次之后,纸上写的总和是 30,此时结束. 那么,掷骰子的点数序列共有多少种可能?

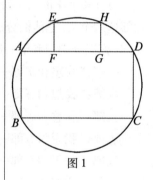

图 1

(iv) 在 $\triangle ABC$ 中,$AB = 2$,$AC = 4$,$\angle BAC = 150°$. 给定半径为 1 的圆 D,$\triangle ABC$ 的顶点 A 在圆 D 的圆周上自由运动,且保持三角形与圆除了点 A 以外没有其他的公共点. 请求出点 C 所能扫过的区域的面积 S.

(v) 已知 x 和 y 是正整数,$x^2 y = 176\,40\square$,$xy^3 = 430\,0\blacksquare 0$. 其中□和■代表的数字看不清了(只知道它们都代表 0 至 9 中的某个数字).

请求出 x 和 y 的值.

Ⅱ. 以下各问只需写出答案.

(i) 已知 n 为正整数,请在□中填入适当的数. 如果认为答案是无限,就填"∞".

① 从 1 至 n 的正整数中,"是 7 的倍数而不是 13 的倍数的数的个数"恰好等于"是 13 的倍数而不是 7 的倍数的数的个数"的

两倍. 这样的有□个.

②从1至n的正整数中,"是7的倍数而不是14的倍数的数的个数"恰好等于"是14的倍数而不是7的倍数的数的个数"的两倍. 这样的有□个.

③从1至n的正整数中,"是7的倍数而不是15的倍数的数的个数"恰好等于"是15的倍数而不是7的倍数的数的个数"的两倍. 这样的有□个.

(ii) 一个凸八面体有六个面都是三边长分别为$1,1,\sqrt{2}$的三角形, 有两个面都是边长为$\sqrt{2}$的正三角形, 每个点汇集着4个面, 已知这样的凸八面体是唯一存在的. 请求出它的体积.

(iii) 已知x,y,z均为正实数, $\sqrt{x}:\sqrt{y}:\sqrt{z}=\dfrac{1}{\sqrt{y}}:\dfrac{2}{\sqrt{z}}:\dfrac{3}{\sqrt{x}}$, 且$x+y+z=1$. 请求出$z$的值.

(iv) 某小学的六年级学生只有一郎、次郎、三郎、志郎、五郎、六郎这六个人. 把他们分成两组, 每组三人进行徒步赛跑. 老师事先问"你们分别想和谁一起赛跑?"各人回答如下:

一郎:"我想和次郎一起跑."

次郎:"我想和三郎一起跑."

三郎:"我想和志郎一起跑."

志郎:"我想和五郎一起跑."

五郎:"我想和六郎一起跑."

六郎:"我想和一郎一起跑."

老师了解这六个人, 知道其中的哪些人是因为害羞而说假话. 所以按照所有的说真话的人所希望的那样分成两组, 即每组各三人进行徒步赛跑. 结果, 每个人都和想一起跑的人跑了. 请问:说假话的人的组合有多少种?

注意, 每个人都恰有一个"想一起跑的人", 说假话的人不一定只有一个, 也可能全都说假话了.

Ⅲ. 如图2所示, 将4个同样大小的正方形拼成L字形. 将两个这样的L字形重叠起来, 使得其中一个L字形有两个顶点位于另一个L字形的边界上, 形成图3的图形. 在图3中, 线段$AB=CD=1$, 请求出正方形的边长.

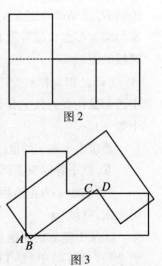

图2

图3

日本第16届广中杯决赛试题(2015年)

Ⅰ．用单位正方形拼成大正方形网络，点 P 按照下面的规则沿单位正方形的边行进：

（1）走一个单位长需要1秒钟．

（2）如果在可拐弯处选择直行，那么由此处开始直行的一个单位长需要的时间是前一个单位长所需要时间的一半．

（3）如果继续直行，那么每走一个单位长需要的时间都是走前一个单位长所需要的时间的一半．

（4）如果在可拐弯处选择拐弯，那么速度恢复初始值．

例如，如果在图1的网络中沿粗线行进，那么从 A 到 B 需要 $1+\frac{1}{2}+\frac{1}{4}=\frac{7}{4}$ s，从 B 到 C 需要 $1+\frac{1}{2}=\frac{3}{2}$ s，从 C 到 D 需要1s，从 D 到 E 需要 $1+\frac{1}{2}=\frac{3}{2}$ s，共需要 $\frac{23}{4}$ s．

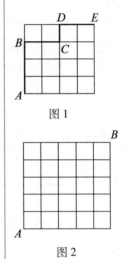

图1

图2

（以下各问只需写出答案．）

（ⅰ）在图2的道路中，点 P 从点 A 到点 B 不绕远行进的话，恰好用了7 s．请在图2中画出一种走法（一种即可）．

（ⅱ）在图2的道路中，点 P 从点 A 到点 B 不绕远行进的话，恰好用了7 s．请问这样的走法共有多少种．？

（ⅲ）在 10×10 的方格网络中，A 和 B 是距离最远的大正方形的两个顶点．点 P 从点 A 到点 B 不绕远行进的话，恰好用了14 s．请问这样的走法共有多少种．？

Ⅱ．如果学了高中数学，就能将 $(a+b)^n$（n 为正整数）自由地展开了，并在以后各式各样的问题中灵活运用．以下是当 $n=2,3,4,5,6$ 时的展开式．将来无论解决什么问题，都可尝试使用以下的展开结果（当然也可以不使用这些公式）．

$(a+b)^2 = a^2 + 2ab + b^2$

$(a+b)^3 = a^3 + 3a^2b + 3ab^2 + b^3$

$(a+b)^4 = a^4 + 4a^3b + 6a^2b^2 + 4ab^3 + b^4$

$(a+b)^5 = a^5 + 5a^4b + 10a^3b^2 + 10a^2b^3 + 5ab^4 + b^5$

$(a+b)^6 = a^6 + 6a^5b + 15a^4b^2 + 20a^3b^3 + 15a^2b^4 + 6ab^5 + b^6$

（以下各问只需写出答案）

(i) $200\ 001^5$ 的各位数字之和等于多少?

(ii) $199\ 999^5$ 的各位数字之和等于多少?

(iii) 在 $2\ 121.12^5 + 8\ 888.88^5$ 的计算结果中,小数点后有几位小数?

(iv) 在 $2\ 121.12^6 + 8\ 888.88^6$ 的计算结果中,小数点后有几位小数?

Ⅲ. 对于两个不同的三位数 A 和 B,将它们的各位数字进行比较,如果至少有一位相同,就称为"一次友人数";如果有两位相同,就称为"二次友人数". 例如,123 和 321 是一次友人数,但不是二次友人数;418 和 458 是一次友人数,也是二次友人数.

(以下前两问只需写出答案,后两问需要写出解答过程.)

(i) 和 712 是一次友人数的三位数有多少个(不包括 712 本身)?

(ii) 和 712 是二次友人数的三位数有多少个(不包括 712 本身)?

(iii) 最多能选取多少个互不相同的三位数,使得其中任何两个都是一次友人数?

(iv) 最多能选取多少个互不相同的三位数,使得其中任何两个都是二次友人数?

Ⅳ. 在 $\triangle ABC$ 中,记 $BC = a, CA = b, AB = c$,在边 BC 上取两点 P, Q,使得 $\angle BAP = \angle CAQ = \dfrac{1}{3} \angle BAC$.

证明:$\dfrac{c^2}{BP} - \dfrac{b^2}{CQ} = \dfrac{c^2}{BQ} - \dfrac{b^2}{CP} = \dfrac{c^2 - b^2}{a}$.

Ⅴ. (本题需要写出思考过程,过程和答案分别给分.)

将能表示成 $2^k \times 3^l$(k, l 均为自然数)的正整数称为"好数",其中 $2^0 = 3^0 = 1$. 例如,$6 = 2^1 \times 3^1$ 和 $8 = 2^3 \times 3^0$ 都是"好数",14 不是"好数".

请问:在首位数字为 8 的 100 位数中,"好数"共有多少个?

可以利用下面给出的 2^{329} 和 3^{208} 的值,它们都是 100 位数:

$2^{329} = 1\ 093\ 625\ 362\ 391\ 505\ 962\ 186\ 251\ 113\ 558\ 810\ 682\ 676\ 584\ 715\ 446\ 606\ 218\ 212\ 885\ 303\ 204\ 976\ 499\ 599\ 687\ 961\ 611\ 756\ 588\ 511\ 526\ 912$

$3^{208} = 1\ 742\ 693\ 381\ 014\ 614\ 361\ 631\ 744\ 253\ 876\ 750\ 131\ 626\ 600\ 682\ 858\ 921\ 288\ 089\ 186\ 323\ 970\ 185\ 832\ 803\ 443\ 622\ 626\ 158\ 010\ 427\ 690\ 561$

日本第5届初级广中杯预赛试题参考答案(2008年)

Ⅰ. 设有 n 个七位数,得其和 3 333 333n 也是七位数,所以 $n \leqslant 3$.

当3个七位数均是3 333 333时,其平均数为3 333 333;当3个七位数分别是1 111 111,2 222 222,6 666 666时,其平均数也为3 333 333.

所以最多有3个七位数.

Ⅱ. 在三位数中,我们从数字之和最大的开始找,看哪一个最先开始被7整除.

(ⅰ)999 不能被7整除.

(ⅱ)998,989,899 均不能被7整除.

(ⅲ)997,979,799 均不能被7整除.

(ⅳ)988,898 均不能被7整除,889 能被7整除.

所以所求答案是889.

Ⅲ. 分以下三类情形来解答.

(ⅰ)当"$a,b \in (\pi,10]; c,d \in (0,\pi]$ 或 $c,d \in (\pi,10]; a,b \in (0,\pi]$" 或 "$a,c \in (\pi,10]; b,d \in (0,\pi]$" 或 "$b,d \in (\pi,10]; a,c \in (0,\pi]$"时,均可得 $10+b+c>10+\pi \geqslant a+d, a-b-c+d<10$,与题设矛盾!即此类情形不成立.

(ⅱ)当 $a,d \in (\pi,10]; b,c \in (0,\pi]$ 时,可满足题设 $a-b-c+d=10$(比如 $a=4,b=1,c=2,d=9$),得

$|a-\pi|+|b-\pi|+|c-\pi|+|d-\pi|$

$=a-\pi+\pi-b+\pi-c+d-\pi=a-b-c+d=10$

(ⅲ)当 $b,c \in (\pi,10]; a,d \in (0,\pi]$ 时,可得 $10+b+c>10+2\pi>a+d, a-b-c+d<10$,与题设矛盾!即此类情形不成立.

所以所求答案是10.

注 由题设"$10+b+c=a+d$"可知,四个不超过10的正数 a,b,c,d 中恰有两个大于 π.

Ⅳ. **解法1**

$$3(3(3(3(3x-1)-1)-1)-1) = \frac{3}{2}$$

$$3(3(3(3x-1)-1)-1)-1 = \frac{1}{2}$$

$$3(3(3x-1)-1)-1 = \frac{1}{2}$$

$$3(3x-1)-1 = \frac{1}{2}$$

$$3x-1 = \frac{1}{2}$$

$$x = \frac{1}{2}$$

解法 2 可以验证 $x = \frac{1}{2}$ 是原方程的一个解.

又原方程的解是唯一的,所以原方程的解就是 $x = \frac{1}{2}$.

Ⅴ. 如图 1 所示,过点 B 作 $BE \perp CD$ 于点 E,$BF \perp AD$ 于点 F. 易证得 $\triangle ABF \cong \triangle CBE$,得正方形 $BEDF$,且其面积为凸四边形 $ABCD$ 的面积,$BD = \sqrt{2} \times \sqrt{2} = 2$.

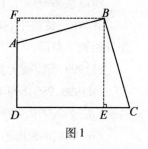

图 1

Ⅵ. 在 1 到 1 000 中:

7 的倍数有 142 个

$$7 \times 1, 7 \times 2, 7 \times 3, \cdots, 7 \times 142(=994)$$

个位数是 7 的有 100 个

$$7, 17, 27, \cdots, 997$$

既是 7 的倍数、个位数又是 7 的有 15 个

$$70 \times 0 + 7, 70 \times 1 + 7, 70 \times 2 + 7, \cdots, 70 \times 14 + 7(=987)$$

所以所求答案为 $142 + 100 - 15 = 227$.

Ⅶ. 可以组成的四位数包括下面的 5 种情形:

① $aaaa$ 型:个数为 3.

② $aaab$ 型(指恰有 3 个数字相同):个数为 $C_4^2 C_2^1 C_4^1 = 48$.

③ $aabb$ 型(指恰有 2 个数字,每个数字均出现 2 次):个数为 $C_4^2 C_4^2 = 36$.

④ $abcc$ 型(指恰有 3 个数字,其中 1 个数字出现 2 次):个数为 $C_4^3 C_3^1 C_4^2 A_2^2 = 144$.

⑤ $abcd$ 型:个数为 $A_4^4 = 24$.

所以答案为 $3 + 48 + 36 + 144 + 24 = 255$.

Ⅷ. 可把原题的图 2 放置在图 2 中的虚线正方形里:

且这里图 2 中虚线正方形的边长是原题图 2 中最外边正方形的边长(即原题图 1 中最外边正方形的边长)的 $\sqrt{2}$ 倍.

而相对于这里图 2 中的虚线正方形,原题中的图 1 与这里图 2 的剪法是一样的.

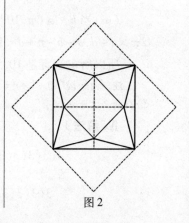

图 2

因为原题中的图1与这里图2中的虚线正方形面积之比是1:2,所以由它们按原题中的图1的剪法剪出的正四棱锥的表面积的最大值之比也是1:2.

又前者是7,所以后者是14.

注 这种解法虽然很巧妙,但笔者发现这道题是错的.

在原题的图1中,标上相应的字母如图3所示.

设 $OB=2a, OA=2x(0<x<a)$,得 $OD=\sqrt{2}a, OC=\sqrt{2}x, CD=\sqrt{2}(a-x)$.

正四棱锥的展开图能够形成正四棱锥的充要条件是 $OC<CD$,即 $0<x<\dfrac{a}{2}$.

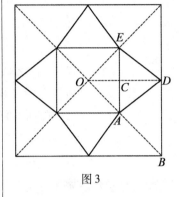

图3

可得由原题的图1形成的正四棱锥的表面积为

$$S_{底面}+4S_{\triangle ADE}=\dfrac{1}{2}\cdot 4x\cdot 4x+4\left[\dfrac{1}{2}\cdot 2\sqrt{2}x\cdot \sqrt{2}(a-x)\right]$$
$$=8ax \quad \left(0<x<\dfrac{a}{2}\right)$$

也可这样求得由原题的图1形成的正四棱锥的表面积为

$$4S_{筝形OADE}=4\left(\dfrac{1}{2}OD\cdot AE\right)=4\left(\dfrac{1}{2}\cdot\sqrt{2}a\cdot 2\sqrt{2}x\right)$$
$$=8ax \quad \left(0<x<\dfrac{a}{2}\right)$$

得由原题的图1形成的正四棱锥的表面积没有最大值.

即原题有误.

可把原题修改为:

有两张一样大小的硬纸壳.如原题的图1所示,剪去粗线外的部分,剩下正四棱锥的展开图,能够形成的正四棱锥的体积的最大值是7.请问:在原题的图2中,剪去粗线外的部分,剩下正四棱锥的展开图,能够形成的正四棱锥的体积的最大值是多少(正四棱锥的底面是正方形,四个侧面是全等的等腰三角形)?

解法如下:

先证明由原题中的图1形成的正四棱锥的体积 V 有最大值.

由图3可得正四棱锥的斜高为 $CD=\sqrt{2}(a-x)$,高 $h=\sqrt{CD^2-OC^2}=\sqrt{2a(a-2x)}$,所以

$$V=\dfrac{1}{3}\cdot 8x^2\sqrt{2a(a-2x)} \quad \left(0<x<\dfrac{a}{2}\right)$$

再由五元均值不等式,得

$$2\left(\dfrac{3V}{8\sqrt{2a}}\right)^2=x^4(2a-4x)\leqslant\left[\dfrac{4x+(2a-4x)}{5}\right]^5=\left(\dfrac{2a}{5}\right)^5$$

进而可得:当且仅当 $x=2a-4x$,即 $x=\dfrac{2}{5}a$(满足 $0<x<\dfrac{a}{2}$)时正四棱锥的体积 V 取到最大值.

可把原题的图2放置在这里图2中的虚线正方形里.

且这里图 2 中虚线正方形的边长是原题的图 2 中最外边正方形的边长（即原题的图 1 中最外边正方形的边长）的 $\sqrt{2}$ 倍．

而相对于这里图 2 中的虚线正方形，原题的图 1 与这里图 2 的剪法是一样的．

因为在原题的图 1 中与这里图 2 中的虚线正方形面积之比是 1:2，所以由它们按原题的图 1 的剪法剪出的正四棱锥的体积的最大值之比也是 $1:2\sqrt{2}$．

又前者是 7，所以后者是 $14\sqrt{2}$．

IX．"实际工作的时薪 23 400 日元"即"实际工作的每分钟薪水是 390 日元"；"休息时间和工作时间都算上的时薪是 8 400 日元"即"休息时间和工作时间都算上的每分钟薪水是 140 日元"．

最后的译者可能是 A，也可能是 B，还可能是 C，所以应分以下三种情形来解答．

(i) 最后的译者是 A.

设 A 译了 $n(n \in \mathbf{N})$ 个 20 分钟，最后一次又译了 $x(x=1,2,3,\cdots,20)$ 分钟，得

$$\frac{20 \times 390n + 390x}{60n + x} = 140$$

$$5x = 12n$$

得 $12 \mid x$，所以 $x=12$，$n=5$．

此时，会议时间是 5 小时 12 分钟．

(ii) 最后的译者是 B.

设 B 译了 $n(n \in \mathbf{N})$ 个 20 分钟，最后一次又译了 $x(x=1,2,3,\cdots,20)$ 分钟，得 A 译了 $n+1(n \in \mathbf{N})$ 个 20 分钟，所以（既然是开会，所以所有人应统一散会，即 B 译时 A 应等待）A 休息时间和工作时间都算上的每分钟薪水是

$$\frac{20 \times 390(n+1)}{60n + 20 + x} = 140$$

$$30n + 7x = 250$$

得 $10 \mid x$，所以 $x=10$ 或 20，可得 $x=10$，$n=6$．

此时，会议时间是 6 小时 30 分钟．

(iii) 最后的译者是 C.

设 C 译了 $n(n \in \mathbf{N})$ 个 20 分钟，最后一次又译了 $x(x=1,2,3,\cdots,20)$ 分钟，得 A 译了 $n+1(n \in \mathbf{N})$ 个 20 分钟，所以 A 休息时间和工作时间都算上的每分钟薪水是

$$\frac{20 \times 390(n+1)}{60n + 40 + x} = 140$$

$$30n + 7x = 110$$

得 $10 \mid x$，所以 $x = 10$ 或 20，但可得均与 $n \in \mathbf{N}$ 矛盾！即此时不满足题意.

综上所述，可得会议时间是 5 小时 12 分钟或 6 小时 30 分钟.
所以会议时间最长可能是 6 小时 30 分钟.

X. 设 $x = \overline{a_1 a_2 a_3 \cdots a_n}(n \in \mathbf{N}^*)$，得

$$\frac{8}{5}(10^{n-1}a_1 + \overline{a_2 a_3 \cdots a_n}) = 10\,\overline{a_2 a_3 \cdots a_n} + a_1$$

$$(8 \cdot 10^{n-1} - 5)a_1 = 2 \times 3 \times 7\,\overline{a_2 a_3 \cdots a_n}$$

可设 $a_1 = 2b$ ($b = 1, 2, 3$ 或 4)，且 $(8 \times 10^{n-1} - 5)b = 3 \times 7\,\overline{a_2 a_3 \cdots a_n}$.

所以 $7 \mid 8 \times 10^{n-1} - 5$，即 $7 \mid 3^{n-1} + 2$，可得满足此条件的 n 的最小值是 6.

又当 $n = 6$ 时，b 可取到最小值 1，即 $(8 \times 10^{6-1} - 5) \times 1 = 3 \times 7 \times 38\,095$. 所以所求 X 的最小值是 $238\,095$.

XI. 21 日晚上 11 时.

XII. 如图 4 所示的 8 个点 A, B, C, D, E, F, G, H 即满足题意（在图 4 中，四边形 $BDFH$ 是正方形，$\triangle ABH$，$\triangle CBD$，$\triangle EDF$，$\triangle GFH$ 均是正三角形）.

注 如图 5 所示，点 A, B, C, D, E, F, G 依次是圆 O 的七等分点，可能有读者认为点 A, B, C, D, E, F, G, O 满足题意.

(i) 设 $OH \perp AB$ 于点 H（由 $OA = OB$ 得 H 是 AB 的中点）.

因为 $\angle EOB = 3 \times \frac{2\pi}{7}$，$\angle BOH = \frac{\angle AOB}{2} = \frac{\pi}{7}$，所以 $\angle EOB + \angle BOH = \pi$，即点 E, O, H 共线，所以 $OE \perp AB$.

(ii) 由 $OA = OC$，$BA = BC$，得 OB 是 AC 的中垂线，所以 $OB \perp AC$.

同理，可得 $OB \perp AC$，$OF \perp AD$，$OC \perp AE$，$OG \perp AF$，$OD \perp AG$.

但我们要注意一点：线段 OA 的中垂线不会经过所给点中的两个点.

否则，BG 是 OA 的中垂线. 又已证 OA 是 BG 的中垂线，所以四边形 $ABOG$ 是菱形，$GA = GO = OA$，$\angle AOG = \frac{\pi}{3}$，这与 $\angle AOG = \frac{2\pi}{7}$ 矛盾！

所以图 5 是不满足题意的.

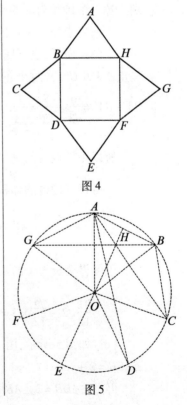

图 4

图 5

日本第5届初级广中杯决赛试题
参考答案(2008年)

Ⅰ.(ⅰ)12.
(ⅱ)如图1所示.
(ⅲ)这里给出两种答案(分别如图2,3所示).
(ⅳ)不可能.
(ⅴ)不可能.

Ⅱ.(ⅰ)可得第 $n(n \geq 30)$ 届奥运会的年份是公元 $(4n + 1\,892)$ 年,所以 $n \mid 4n + 1\,892$ 即 $n \mid 1\,892$ 也即 $n \mid 2^2 \times 11 \times 43$,得 $n(n \geq 30)$ 是 $2^2 \times 11 \times 43$ 的约数.

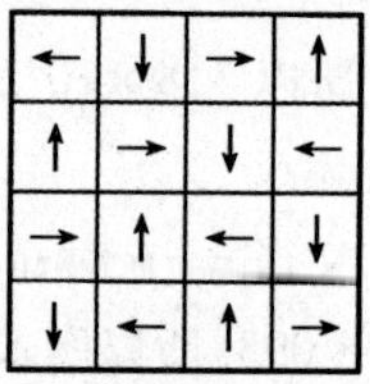

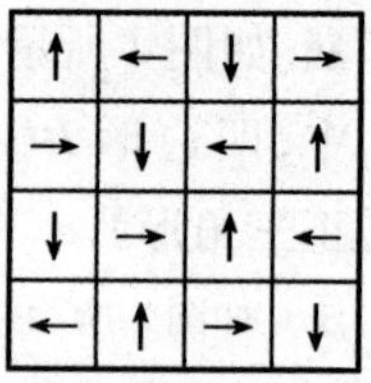

$2^2 \times 11 \times 43$ 的正约数个数为 $3 \times 2 \times 2 = 12$,其中小于30的正约数为 $1, 2, 4, 11, 22$,个数为5,所以所求答案是 $12 - 5 = 7$.

(ⅱ)该容器的形状是:上底面是边长为5的正三角形、下底面是边长为6的正三角形、侧棱长是1的正三棱台再在三个角处分别去掉一个棱长为1的正四面体后剩下的物体.

下面先求该三棱台的高.

如图4所示,设下底面是正 $\triangle ABC$,上底面在下底面上的射影是正 $\triangle A'B'C'$,这两个正三角形的中心重合于点 O,可得 $A'A = OA - OA' = \dfrac{6}{\sqrt{3}} - \dfrac{5}{\sqrt{3}} = \dfrac{1}{\sqrt{3}}$.

所以正三棱台的高是 $\sqrt{1 - \left(\dfrac{1}{\sqrt{3}}\right)^2} = \sqrt{\dfrac{2}{3}}$.

可得正三棱台的体积是

$\dfrac{1}{3}\left[\dfrac{\sqrt{3}}{4} \times 6^2 + \dfrac{\sqrt{3}}{4} \times 5^2 + \sqrt{\left(\dfrac{\sqrt{3}}{4} \times 6^2\right)\left(\dfrac{\sqrt{3}}{4} \times 5^2\right)}\right]\sqrt{\dfrac{2}{3}} = \dfrac{91}{12}\sqrt{2}$

还可得棱长为1的正四面体的体积是 $\dfrac{\sqrt{2}}{12}$,所以所求容积是

$\dfrac{91}{12}\sqrt{2} - \dfrac{\sqrt{2}}{12} \times 3 = \dfrac{22}{3}\sqrt{2} \approx 10.37$(精确到百分位)

(ⅲ)如图5所示,由 $AB = AC$ 知,可设 $\angle ABD = y$,$\angle DBC = x$,$\angle ACB = x + y$.

再由 $\angle ADB = 3\angle ABD$,得 $\angle ADB = 3y$.

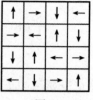

图1

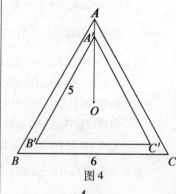

图2

图3

图4

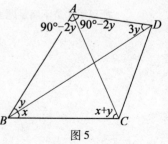

图5

又由 $\angle BAC = \angle DAC$ 及 $\triangle ABD$ 的内角和是 $180°$,可得 $\angle BAC = \angle DAC = 90° - 2y$.

再由 $\triangle ABC$ 的内角和是 $180°$,可得 $\angle CBD = x = 45°$,即 $\angle CBD$ 的度数是 $45°$.

(iv) 如图 6 所示,由余弦定理可求得 $\cos\angle FAG = \dfrac{37}{38}$.

所以 $\cos\angle BAG = \cos(120° - \angle FAG) = -\dfrac{11}{38}$,$\cos\angle BAH = \cos\dfrac{\angle BAG}{2} = \dfrac{3\sqrt{3}}{2\sqrt{19}}$.

由 $\cos\angle BAH = \dfrac{3\sqrt{3}}{2\sqrt{19}} < \dfrac{3}{2} = \cos\angle BAC$,$\angle BAH > \angle BAC$,即点 H 在射线 CD 上.

所以 $\cos\angle CAH = \cos(\angle BAH - 30°) = \dfrac{4}{\sqrt{19}} = \dfrac{AC}{AH} = \dfrac{16\sqrt{3}}{AH}$,$AH = 4\sqrt{57}$.

得 $\sin\angle CAH = \dfrac{\sqrt{3}}{\sqrt{19}} = \dfrac{CH}{AH} = \dfrac{CH}{4\sqrt{57}}$,$CH = 12$.

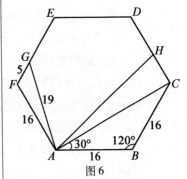

图 6

(v) 77 778,82 656,99 999.

Ⅲ.(i) 可不妨设第 1 次提交的答案是"(Ⅰ)A,(Ⅱ)A,(Ⅲ)A"(以下简称"AAA",后面类似).

(a) 如果老师回答"对了 3 题",X 君就可以回家了.

(b) 如果老师回答"对了 0 题",X 君第 2 次只要提交"BBB",就可以回家了.

(c) 如果老师回答"对了 1 题",X 君第 2 次如果提交"BBB",则老师一定会回答"对了 2 题",则得不到任何线索,所以是不可取的战术.

情形 1:第 2 次提交"AAB"(或其排列).

如果老师回答"对了 2 题",则可以确定第 3 题的答案是 B,而前 2 题的答案一个是 A 另一个是 B,但没法知道哪个是 A 哪个是 B,所以尝试 3 次是不够的.不妨设第 3 次提交"ABB",如果老师回答"对了 1 题",则可确定答案是"BAB";如果老师回答"对了 3 题",X 君就可以回家了.因此,最多需要 4 次.

情形 2:第 2 次提交"ABB"(或其排列).

如果老师回答"对了 3 题",X 君就可以回家了.如果老师回答"对了 1 题",则答案是"BAB"或"BBA",但没法知道是哪个,所以尝试 3 次是不够的.但无论如何,至多再尝试 2 次就可以了,得最多需要 4 次.

(d) 如果老师回答"对了 2 题",与(c)类似的分析,问了 2 次之后,在最不利的情况下,仍有 2 种可能.因此,X 君最多需要尝试 4 次就可以回家了.

综上所述可得,X 君最多需要尝试 4 次就可以回家了.

(ii) 可不妨设第 1 次提交的答案是"AAA".

(a) 如果老师回答"对了 0 题",则接下来需要做的相当于没有任何线索地回答 3 道有 2 个选择的问题,根据(i)的结论,X 君最多还需要尝试 4 次,所以最多共需 1 + 4 = 5 次.

(b) 如果老师回答"对了 3 题",X 君就可以回家了.

(c) 如果老师回答"对了 1 题",第 2 次提交"AAB",此时如果老师仍然回答"对了 1 题",则可以确定第 3 题的答案是 C;如果老师回答"对了 2 题",则可以确定第 3 题的答案是 B. 因此,无论如何,问 2 次后,就可以知道第 3 题的答案,并知道前 2 题的答案中 A 的个数. 设第 3 题的答案为 X,则第 3 次提交"ABX". 将老师的回答与"AAX"中的正确个数进行比较(后者应该已经知道了):

①如果比后者少 1 题,则第 2 题的答案是 A;

②如果题数相等,则第 2 题的答案是 C;

③如果比后者多 1 题,则第 2 题的答案是 B.

此时,也知道了第 1 题的答案不是 A,所以最多还需要尝试 2 次就可以把 3 道题的答案都答对.

(d) 如果老师回答"对了 2 题",第 2 次提交"AAB",此时如果老师仍然回答"对了 2 题",则可以确定正确答案为"AAC";如果老师回答"对了 3 题",X 君就可以回家了;如果老师回答"对了 1 题",则可以确定第 3 题的答案是 A. 此时,第 3 次提交"ABA",如果老师仍然回答"对了 2 题",则可以确定正确答案为"ACA";如果老师回答"对了 3 题",X 君就可以回家了;如果老师回答"对了 1 题",则可以确定第 2 题的答案 A. 此时,只剩下"BAA"和"CAA"2 种可能,最多再尝试 2 次即可,共 5 次.

综上所述可得,X 君最多需要尝试 5 次就可以回家了.

(iii) 可不妨设第 1 次提交的答案是"AAAA".

(a) 如果老师回答"对了 4 题",X 君就可以回家了.

(b) 如果老师回答"对了 0 题",则第 1 次提交"AAAB",无论老师回答"对了 0 题"还是"对了 1 题",都知道第 4 题的答案了,且前 3 题的答案中没有 A. 根据(i)的结论,最多还需要尝试 4 次,得最多共需 6 次.

(c) 如果老师回答"对了 1 题",第 2 次提交"AAAB",此时:

①如果老师回答"对了 0 题",则可以确定第 4 题的答案是 A,且前 3 题的答案中没有 A. 根据(i)的结论,最多还需要尝试 4 次,得最多共需 6 次.

②如果老师回答"对了 1 题",则可以确定第 4 题的答案是 C. 且前 3 题的答案中有 1 个是 A. 根据(ii)中情形(c)的结论,最多还需要尝试 4 次,得最多共需 6 次.

③如果老师回答"对了 2 题",则可以确定第 4 题的答案是 B,且前 3 题的答案中有 1 个是 A. 根据(ii)中情形(c)的结论,最多还需要尝试 4 次,得最多共需 6 次.

(d)如果老师回答"对了 2 题",第 2 次提交"AAAB",此时:

①如果老师回答"对了 1 题",则可以确定第 4 题的答案是 A,且前 3 题的答案中有 1 个是 A. 根据(ii)中情形(c)的结论,最多还需要尝试 4 次,得最多共需 6 次.

②如果老师回答"对了 2 题",则可以确定第 4 题的答案是 C. 且前 3 题的答案中有 2 个是 A. 根据(ii)中情形(d)的结论,最多还需要尝试 4 次,得最多共需 6 次.

③如果老师回答"对了 3 题",则可以确定第 4 题的答案是 B,且前 3 题的答案中有 2 个是 A. 根据(ii)中情形(d)的结论,最多还需要尝试 4 次,得最多共需 6 次.

(e)如果老师回答"对了 3 题",则最多再提交"AAAB""AABA""ABAA""BAAA"4 次,就可以确定哪个问题的答案不是 A,并知道该问题的答案是 B 还是 C. 第 6 次一定能答对.

综上所述,可得欲证结论成立.

日本第9届广中杯预赛试题
参考答案(2008年)

Ⅰ.(i)①可得满足条件的数是 $70n+7(n\in \mathbf{N})$ 且 $1\leqslant 70n+7\leqslant 10\ 000$,得 $n=0,1,2,\cdots,142$,所以 $a_7=143$.

②因为从 1 到 10 000 的整数中,7 的倍数共 1 428 个,其中各位是 0 的共 142 个,所以所求答案是 $1\ 428-142=1\ 286$.

(ii)同第 5 届初级广中杯预赛试题Ⅶ答案.

(iii)同第 5 届初级广中杯预赛试题Ⅲ答案.

(iv)如图 1 所示,在 $\triangle ABC$ 中由余弦定理,可求得 $AC=\sqrt{\dfrac{3}{2}}+\sqrt{\dfrac{1}{2}}$;再由正弦定理可求得 $\angle ACB=45°$,所以 $\angle ACD=75°$.

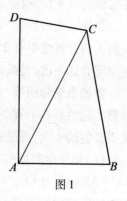

图 1

在 $\triangle ACD$ 中由余弦定理,可求得 $AD=AC=\sqrt{\dfrac{3}{2}}+\sqrt{\dfrac{1}{2}}$,所以 $\angle CDA=\angle ACD=75°$.

(v)可得

$$\dfrac{1}{x}=\dfrac{1}{10\ 001}+\left(\dfrac{1}{10\ 002}-\dfrac{1}{10\ 005}\right)+\left(\dfrac{1}{10\ 003}-\dfrac{1}{10\ 004}\right)$$

$$=\dfrac{10\ 006}{10\ 001\times 10\ 006}+\dfrac{3}{10\ 002\times 10\ 005}+\dfrac{1}{10\ 003\times 10\ 004}$$

一方面,有

$$\dfrac{1}{x}<\dfrac{10\ 010}{10\ 001\times 10\ 006}$$

$$x>\dfrac{10\ 001\times 10\ 006}{10\ 010}=\dfrac{10\ 001(10\ 010-4)}{10\ 010}=10\ 001-\dfrac{40\ 004}{10\ 010}$$

$$>10\ 001-\dfrac{40\ 040}{10\ 010}=9\ 997$$

另一方面,有

$$\dfrac{1}{x}>\dfrac{10\ 010}{10\ 003\times 10\ 004}$$

$$x<\dfrac{10\ 003\times 10\ 004}{10\ 010}=\dfrac{10\ 003\times(10\ 010-6)}{10\ 010}=10\ 003-\dfrac{60\ 018}{10\ 010}$$

$$<10\ 003-\dfrac{55\ 055}{10\ 010}=9\ 997.5$$

日本第9届广中杯预赛试题参考答案(2008年)
The Answers of Japan's 9th Hironaka Heisuke Cup Preliminary Test Paper(2008)

所以 $9\,997 < x < 9\,997.5$,得所求答案是 $9\,997$.

(v)的**另解** 一方面,有

$$\frac{1}{x} - \frac{1}{10\,001} = \left(\frac{1}{10\,002} - \frac{1}{10\,005}\right) + \left(\frac{1}{10\,003} - \frac{1}{10\,004}\right)$$

$$\frac{10\,001 - x}{10\,001 x} = \frac{3}{10\,002 \times 10\,005} + \frac{1}{10\,003 \times 10\,004}$$

（由此得 $x < 10\,001$）

$$\frac{10\,001 - x}{10\,001 x} < \frac{4}{10\,001 \times 10\,006}$$

$$\frac{10\,001 - x}{x} < \frac{4}{10\,006}$$

$10\,001 - x < 4$（因为由 $x < 10\,001$,得 $x < 10\,006$）

$x > 9\,997$

另一方面,同原解法,得 $x < 9\,997.5$.

所以 $9\,997 < x < 9\,997.5$,得所求答案是 $9\,997$.

注 题中"最接近 x 的整数"与"将小数部分四舍五入"有矛盾(比如,最接近 0.5 的整数是 0 和 1;把 0.5 的小数部分四舍五入后得 1),所以建议把题目的第二句话改为"将 x 的小数部分四舍五入后是多少".

Ⅱ.(i)可证 $44 < \sqrt{2\,008} < 45, 2 < \sqrt{6} < 3, 4 < \sqrt{22} < 5$,所以 $10 < \frac{\sqrt{2\,008} + \sqrt{6} + \sqrt{22}}{5} < 10\frac{3}{5}$,得答案为 10.

(ii)如图 2 所示,过点 B 作 $BE \perp CD$ 于点 E, $BF \perp AD$ 于点 F. 易证得 $\triangle ABF \cong \triangle CBE$,得正方形 $BEDF$,且其面积为凸四边形 $ABCD$ 的面积,则 $BD = \sqrt{5} \times \sqrt{2} = \sqrt{10}$.

(iii)因为 $0 \leq y < 1$,所以 $7 < x^2 \leq 8 (x > 0)$,得 $2 < x < 3$,所以 $y = x - 2$,解方程组后可得 $x = 1 + \sqrt{3}$.

(iv)同第 5 届广中杯预赛试题 Ⅹ答案.

Ⅲ.(2,6,1).

可得直线 l 是圆 C_1, C_2 的公切线,直线 m 是圆 C_1, C_3 的公切线,但两者不可能都是外公切线,也不可能都是内公切线.

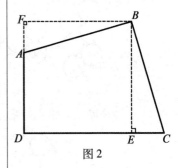

图 2

日本第9届广中杯决赛试题
参考答案（2008年）

Ⅰ. 同第5届初级广中杯决赛试题Ⅰ答案.

Ⅱ. 正20面体如图1所示,进而可得所有的答案.

(ⅰ) 12.

(ⅱ) 3(因为正20面体的任意两个顶点的距离只有3种取值).

(ⅲ) 6.

(ⅳ) 6或8.

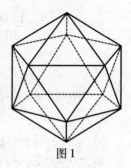

图1

Ⅲ. ① $f(3) = 1, f(4) = 1, f(5) = 2$.

② 因为当 $n = 6$ 时,有图2所示的9种两两不同的放置方法,所以 $f(6) \geq 9$.

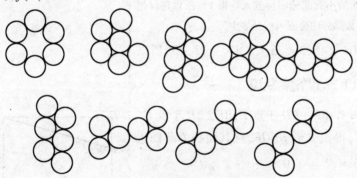

图2

③（提示）如图3所示,先将25个圆排列起来.

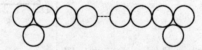

图3

Ⅳ. 设这个数列是 $\{c_n\}$,得 $c_1 = c_2 = 1, c_{n+2} = 3c_{n+1} + c_n$.

下面用数学归纳法证明 $3(c_1^2 + c_2^2 + \cdots + c_n^2) = c_n c_{n+1} + 2$.

当 $n = 1$ 时成立: $3 \times 1^2 = 1 \times 1 + 2$.

假设 $n = k$ 时成立: $3(c_1^2 + c_2^2 + \cdots + c_k^2) = c_k c_{k+1} + 2$. 得

$$3(c_1^2 + c_2^2 + \cdots + c_k^2 + c_{k+1}^2)$$
$$= c_k c_{k+1} + 2 + 3c_{k+1}^2$$
$$= c_{k+1}(3c_{k+1} + c_k) + 2$$
$$= c_{k+1} c_{k+2} + 2$$

即 $n=k+1$ 时也成立. 所以欲证结论成立.

由此结论可得 $S=\dfrac{ab+3b^2+2}{3}$.

V. (i) 如图 4 所示(图 4 仅供参考,并不一定准确),在 $\triangle BCD$ 中,可得 $\angle BDC=70°$, $CB=CD=1$, $BD=2\sin 20°$.

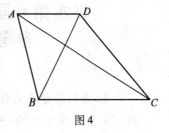

图 4

在 $\triangle ABD$ 中,由 $AD \parallel BC$,可得 $\angle BAD=80°$, $\angle ADB=70°$.

在 $\triangle ABD$ 中,由余弦定理,可得
$$\begin{aligned}AC^2 &= 4\sin^2 10°+1+4\sin 10°\cos 40° \\ &= 2(1-\cos 20°)+1+2(\sin 50°-\sin 30°) \\ &= 2-2(\sin 70°-\sin 50°) \\ &= 2-4\cos 60°\sin 10° \\ &= 2(1-\cos 80°) \\ &= 4\sin^2 40°\end{aligned}$$

所以 $\qquad AC=2\sin 40°$

在 $\triangle ACD$ 中,用余弦定理,可求得 $\angle ACD=10°$.

注 由 DB 平分 $\angle ADC$ 可证得点 A 关于直线 DB 的对称点 E 在线段 DC 上,进而也可得出解法.

(ii) 可得四边形 $ABCD$ 的面积为
$$\begin{aligned}S_{\triangle ACD}+S_{\triangle ABC} &= \dfrac{1}{2}AC \cdot AD \cdot \sin\angle CAD + \dfrac{1}{2}CA \cdot CB \cdot \sin\angle ACB \\ &= \dfrac{1}{2} \cdot 2\sin 40°\cos 80° + \dfrac{1}{2}\sin 40° \\ &= \dfrac{1}{2}(\sin 120°-\sin 40°)+\dfrac{1}{2}\sin 40° = \dfrac{\sqrt{3}}{4}\end{aligned}$$

日本第6届初级广中杯预赛试题
参考答案(2009年)

Ⅰ. 个位数是 2 的有且只有 1 个 (9 002); 个位数是 0 的有且只有 4 个 (2 090, 2 900, 9 020, 9 200).

所以答案是 5.

Ⅱ. 如图 1 所示, 由 $\dfrac{CF}{CD}=\dfrac{FG}{DE}=\dfrac{3}{4}$ 知, 可设 $CF=3k, FD=k$. 再由 Rt$\triangle CDE$ 及射影定理, 可得 $EF=\sqrt{CF\cdot FD}=\sqrt{3}k$. 所以在 Rt$\triangle DEF$ 中, 可得 $\angle EDF=60°$.

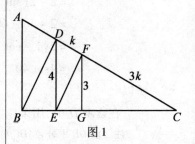

图 1

所以在 Rt$\triangle BDE$ 中, 可得 $\angle BDE=30°$, $BD=\dfrac{8}{\sqrt{3}}$; 再在 Rt$\triangle ABD$ 中, 可得 $\angle A=\angle EDF=60°$, $AB=\dfrac{16}{3}$.

Ⅲ. 1 或 3.

Ⅳ. 210.

Ⅴ. **解法 1** 如图 2 (即原题的图 3) 所示, 设 $\angle CDE=\theta$, 由 $CD=\sqrt{5}$, 得 $DE=\sqrt{5}\cos\theta$, $CE=\sqrt{5}\sin\theta$.

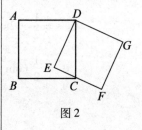

图 2

由 $S_{\text{Rt}\triangle CDE}=\dfrac{1}{2}\sqrt{5}\cos\theta\cdot\sqrt{5}\sin\theta=1$, 得

$$\sin 2\theta=\dfrac{4}{5}, \cos 2\theta=\dfrac{3}{5}, \cos\theta=\sqrt{\dfrac{1+\cos 2\theta}{2}}=\dfrac{2}{\sqrt{5}}$$

$$DE=\sqrt{5}\cos\theta=2$$

所以四边形 $DCFG$ 的面积为 $DE^2-S_{\text{Rt}\triangle CDE}=2^2-1=3$.

Ⅴ. **解法 2** 如图 2 所示, 可得

$$\begin{cases} S_{\text{Rt}\triangle CDE}=\dfrac{1}{2}ED\cdot EC=1 \\ ED^2+EC^2=CD^2=5 \\ ED=EF>EC \end{cases}$$

解得 $\begin{cases} EC=1 \\ ED=2 \end{cases}$.

所以四边形 $DCFG$ 的面积为 $DE^2-S_{\text{Rt}\triangle CDE}=2^2-1=3$.

Ⅵ. 因为不能两个"○"相邻, 所以每行最多填入 5 个"○"(填 6 个"○"时, 空格最少是 5 个).

得第一行填入5个"○",第二行填入4个"○";或者第一行填入4个"○",第二行填入5个"○".

(i)当第一行填入5个"○",第二行填入4个"○"时:

第一行填入5个"○"时,又有两种情形:

①若第一行填入5个"○"中有连空两格的情形,则它们有4种填法(图3就是一种填法),此时第二行的4个"○"有2种填法(在图3中的2个"?"处任意选一处填入1个"○",再填入后面的3个"○"即可),得$4 \times 2 = 8$种填法.

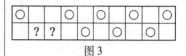

图3

②若第一行填入5个"○"中没有连空两格的情形,则它们有2种填法(图4就是一种填法),此时第二行的4个"○"有$C_5^4 = 5$种填法(在图4中的5个"?"处任意选4处各填入1个"○"即可),得$2 \times 5 = 10$种填法.

图4

此时,得$8 + 10 = 18$种填法.

(ii)当第一行填入4个"○",第二行填入5个"○"时,同理也得18种填法.

所以所求答案是$18 + 18 = 36$.

Ⅶ. 由树形图可得:

当数列的首项为1时,第二项必为2,第六项为2或4,满足条件且只有五项的数列有9个;而以2或4为首项,第五项为2或4,这样的数列有9个. 所以共有$9 \times 9 = 81$个项数为10的数列.

同理,当数列的首项为5时,也有81个.

当数列的首项为2时,有$81 \times 2 = 162$个;同理,当数列的首项为3或4时,也有162个.

所以所求答案是$81 \times 2 + 162 \times 3 = 648$.

Ⅷ. (i) 168.

(ii) 161.

(iii) 81.

Ⅸ. 设数列$\{F_n\}$由"$F_1 = F_2 = 1, F_{n+2} = F_{n+1} + F_n (n \in \mathbf{N}^*)$"确定,可得该数列是

$$1, 1, 2, 3, 5, 8, 13, 21, 34, 55, \cdots$$

可证得

$$\frac{1}{F_1 \times F_3} + \frac{1}{F_2 \times F_4} + \frac{1}{F_3 \times F_5} + \frac{1}{F_4 \times F_6} + \cdots + \frac{1}{F_{n-1} \times F_{n+1}} + \left(\frac{1}{F_n \times F_{n+2}} + \frac{1}{F_{n+1} \times F_{n+2}}\right)$$

$$= \frac{1}{F_1 \times F_3} + \frac{1}{F_2 \times F_4} + \frac{1}{F_3 \times F_5} + \frac{1}{F_4 \times F_6} + \cdots + \left(\frac{1}{F_{n-1} \times F_{n+1}} + \frac{1}{F_n \times F_{n+1}}\right)$$

$$= \frac{1}{F_1 \times F_3} + \frac{1}{F_2 \times F_4} + \frac{1}{F_3 \times F_5} + \frac{1}{F_4 \times F_6} + \cdots + \left(\frac{1}{F_{n-2} \times F_n} + \frac{1}{F_{n-1} \times F_n} \right)$$
$$= \cdots$$
$$= \frac{1}{F_1 \times F_3} + \frac{1}{F_2 \times F_3} = \frac{1}{F_1} = 1 \quad (n \in \mathbf{N}^*)$$

在该恒等式中,令 $n = 8$ 后可得本题的一个答案是 55.

易知本题的答案是唯一的,所以本题的答案就是 55.

Ⅹ. 784.

Ⅺ. 如图 5 (即原题的图 5) 所示,设 $CE = DE = x, BE = 1 - x$. 由 $DE = \sqrt{3} BE$,可得 $x = \frac{3 - \sqrt{3}}{2}$,正方形 $DECF$ 的面积为 $x^2 = \frac{6 - 3\sqrt{3}}{2}$.

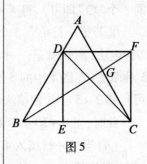

图 5

还可求得 $\tan \angle CBF = \frac{3 - 3\sqrt{3}}{2}$, $\sin \angle CBF = \frac{3 - \sqrt{3}}{\sqrt{16 - 6\sqrt{3}}}$,

$\cos \angle CBF = \frac{2}{\sqrt{16 - 6\sqrt{3}}}$.

所以 $\sin \angle BGC = \sin(\angle CBG + 60°) = \frac{3 + \sqrt{3}}{2\sqrt{16 - 6\sqrt{3}}}$.

在 $\triangle BCG$ 中,由正弦定理可得 $CG = 4 - 2\sqrt{3}$, $AG = 2\sqrt{3} - 3$.

可得 $S_{\triangle ABG} = \frac{1}{2} AB \cdot AG \cdot \sin 60° = \frac{6 - 3\sqrt{3}}{4}$.

所以 $\triangle ABG$ 的面积是正方形 $DECF$ 的面积的 $\frac{1}{2}$ 倍.

Ⅻ. 如图 6 (即原题的图 6) 所示,由题设,可得
$$S_{\triangle ABE} = S_{\triangle ABC} = S_{\triangle DBC} = S_{\triangle DEC} = S_{\triangle DEA}$$
$$S_{\triangle ABE} = S_{\triangle DEA}$$

所以 $EA // DB$

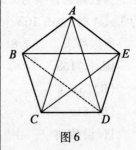

图 6

日本第6届初级广中杯决赛试题参考答案(2009年)

Ⅰ.(i)易知 $2^n(n\in\mathbf{N}^*)$ 的个位数字是循环出现的(以4为周期):2,4,8,6(这由 $10\mid 2^{4+n}-2^n(n\in\mathbf{N}^*)$ 可证),所以答案为 $\dfrac{100}{4}=25$.

(ii) 5.

(iii) $2^n(n\geq 2,n\in\mathbf{N}^*)$ 的后两位数字是循环出现的(以40为周期)(这由 $100\mid 2^{40+n}-2^n(n\geq 2,n\in\mathbf{N}^*)$ 即 $25\mid 2^{10}+1$ 可证),所以 2^{2009} 的后两位即 $2^9=512$ 的后两位,为12.

(iv) 得 $1000\mid 2^n-8(n>4)$,即 $5^3\mid 2^{n-3}-1(n>4)$.

满足 $5\mid 2^m-1$ 的最小正整数 m 是4,所以由二项式定理可证得 $5^3\mid (2^4)^{5^2}-1$,即 $5^3\mid 2^{100}-1$.

即 $n=103$ 满足题意(整除).而所给的表中没有满足题意(整除)的,由 $n=103$ 满足题意(整除),易证 $n=101,102$ 均不满足题意(整除).

所以所求的答案是103.

(v)①3.(注意 $2^x\cdot 5^x=10^x$)

②0,1,2.

③3.

Ⅱ.(i)由余弦定理可求得 $\cos A=\dfrac{9}{16}$,所以 $\sin A=\dfrac{5}{16}\sqrt{7}$.

再由正弦定理可求得 $\sin B=\dfrac{3}{8}\sqrt{7},\sin C=\dfrac{\sqrt{7}}{4}$.

进而可求得:在 $\triangle ABC$ 中,AB,BC,CA 边上的高分别是 $\dfrac{15}{8}\sqrt{7}$,$\dfrac{3}{2}\sqrt{7},\dfrac{5}{4}\sqrt{7}$.

从而可得 $\triangle ABC$ 绕 AB,BC,CA 的哪条边旋转所得旋转体(均是共底面的两个圆锥的组合体)的体积分别是

$$\dfrac{\pi}{3}\left(\dfrac{15}{8}\sqrt{7}\right)^2\cdot 4,\dfrac{\pi}{3}\left(\dfrac{3}{2}\sqrt{7}\right)^2\cdot 5,\dfrac{\pi}{3}\left(\dfrac{5}{4}\sqrt{7}\right)^2\cdot 6$$

它们的比是15:12:10,所以应该绕 AB 这条边旋转,得到的旋

转体体积最大.

注 本题的一般情形是下面的结论:

设 $\triangle ABC$ 的面积为 S, 以此三角形的边 BC, CA, AB 所在的直线为轴, 其余各边旋转一周形成的曲面围成的几何体的体积分别是 V_{BC}, V_{CA}, V_{AB}, 表面积分别是 S_{BC}, S_{CA}, S_{AB}, 则:

① $|BC|V_{BC} = |CA|V_{CA} = |AB|V_{AB} = \dfrac{4\pi}{3}S^2$;

② $\dfrac{|BC|}{|CA|+|AB|}S_{BC} = \dfrac{|CA|}{|AB|+|BC|}S_{CA} = \dfrac{|AB|}{|BC|+|CA|}S_{AB} = 2\pi S$.

(ii) $T = 5^{200} \times 200!$.

用数论中的常用结论勒让德定理"若 $n \in \mathbf{N}^*$, 则 $n!$ 的分解质因数的式子中质数 p 的指数是 $\sum\limits_{i=1}^{\infty}\left[\dfrac{n}{p^i}\right]$ (这里 $[x]$ 表示不超过 x 的最大整数; 请注意, 该式实质是有限项的和, 因为当 i 足够大时, 均有 $\left[\dfrac{n}{p^i}\right] = 0$), 可求出 $200!$ 分解质因数的结果中 2 的指数是

$$100 + 50 + 25 + 12 + 6 + 3 + 1 = 197$$

所以 $a = 197$.

还得 $T = 10^{197} \cdot 5^3 k$ (k 是正奇数), 所以 $5^3 k$ 的个位数是 5, 即 $b = 5$.

所以 a 和 b 分别代表 197 和 5.

(iii) 若 $C = A$, 则 $D = B + 10$. 再由 $A + B = 2(C+D)$, 得 $C + D = -10$, 这不可能! 所以 $C = A + 1$, 得 $B = A + 2D + 2$.

①若 A 月是 31 日, 则 $A = 1, 3, 5, 7, 8, 10$ 或 12.

得 $D = B + 10 - 31 = B - 21$ ($B = 22, 23, 24, \cdots, 31$), 再由 $B = A + 2D + 2$, 得 $A + B = 40$.

可得 $(A, B) = (10, 30)$ (请注意 $(A, B) = (12, 28)$ 不满足题意; 否则 $(C, D) = (1, 7)$, $A + B \neq 2(C+D)$).

②若 A 月是 30 日, 则 $A = 2, 4, 6, 9$ 或 11.

得 $D = B + 10 - 30 = B - 20$ ($B = 21, 22, 23, \cdots, 30$), 再由 $B = A + 2D + 2$, 得 $A + B = 38$.

可得 $(A, B) = (9, 29)$ 或 $(11, 27)$.

③若 A 月是 29 日, 则 $A = 2$.

得 $D = B + 10 - 29 = B - 19$ ($B = 20, 21, 22, \cdots, 29$), 再由 $B = A + 2D + 2$, 得 $B = 2D + 4$, 所以 $D = 15, B = 34 > 29$, 不合题意.

④若 A 月是 28 日, 则 $A = 2$.

得 $D = B + 10 - 28 = B - 18$ ($B = 19, 20, 21, \cdots, 28$), 再由 $B =

$A+2D+2$,得 $B=2D+4$,所以 $D=14$, $B=32>28$,不合题意.

所以"今天"可能的日期有 3 种:是 9 月 29 日、10 月 30 日或 11 月 27 日.

(iv) 可得

$$\left[\frac{x}{20}\right] \geq \frac{x-19}{20}, \left[\frac{y}{20}\right] \geq \frac{y-19}{20}, \left[\frac{z}{20}\right] \geq \frac{z-19}{20}$$

$$\left[\frac{v}{20}\right] \geq \frac{v-19}{20}, \left[\frac{w}{20}\right] \geq \frac{w-19}{20}$$

$$\left[\frac{x}{20}\right]+\left[\frac{y}{20}\right]+\left[\frac{z}{20}\right]+\left[\frac{v}{20}\right]+\left[\frac{w}{20}\right] \geq \frac{x+y+z+v+w-95}{20}$$

$$=500-4\frac{15}{20}$$

$$\left[\frac{x}{20}\right]+\left[\frac{y}{20}\right]+\left[\frac{z}{20}\right]+\left[\frac{v}{20}\right]+\left[\frac{w}{20}\right] \geq 496$$

可以验证该不等式的等号能取到:比如 $x=y=z=v=19, w=9924$ 时.

所以 $\left[\frac{x}{20}\right]+\left[\frac{y}{20}\right]+\left[\frac{z}{20}\right]+\left[\frac{v}{20}\right]+\left[\frac{w}{20}\right]$ 的最小值是 496.

又

$$[1.05x]+[1.05y]+[1.05z]+[1.05v]+[1.05w]$$

$$=\left(x+\left[\frac{x}{20}\right]\right)+\left(y+\left[\frac{y}{20}\right]\right)+\left(z+\left[\frac{z}{20}\right]\right)+\left(v+\left[\frac{v}{20}\right]\right)+\left(w+\left[\frac{w}{20}\right]\right)$$

$$=\left[\frac{x}{20}\right]+\left[\frac{y}{20}\right]+\left[\frac{z}{20}\right]+\left[\frac{v}{20}\right]+\left[\frac{w}{20}\right]+10000$$

所以 $[1.05x]+[1.05y]+[1.05z]+[1.05v]+[1.05w]$ 的最小值是 10496.

(v) $1+2+2^2+2^3+\cdots+2^{15}=2^{16}-1$.

由二进制的知识可知,由已知的 16 个数中取若干个数求和后可以表示出 1 到 $2^{16}-1$ 的全部正整数.

设取出的若干个数的和是 x,得 x 是 $2^{16}-1-x$ 的正约数,即 x 是 $2^{16}-1$ 的正约数.

而

$$2^{16}-1 = (2-1)(2+1)(2^2+1)(2^4+1)(2^8+1)$$
$$= 3 \times 5 \times 17 \times 257$$

所以 $2^{16}-1$ 的正约数个数是 16,即 x 有 16 种可能,也即所求答案为 16.

(vi) 所选的四组数,每组数最少是 2 个,最多是 4 个(因为前三组最少用了 6 个数,所以第四组最多用 4 个数).

所以满足题设的四组数只能是 $2+2+2+4$ 形,或 $2+2+3+3$ 形.

在 1 到 10 这 10 个整数中选两个数,使它们的和是 11 的倍数(则和是 11),只可能是下面的五者之一:

①$(1,10)$;②$(2,9)$;③$(3,8)$;④$(4,7)$;⑤$(5,6)$.

(a)$2+2+2+4$ 形的组数是 $C_5^3=10$(从以上 5 组数中选 3 组为"$2+2+2$",剩下的 2 组合在一起为"4").

(b)为了找出 $2+2+3+3$ 形,因为"$2+2$"中的每一个"2"均只能在①②③④⑤中选之一(得以"$2+2$"只能在①②③④⑤中选之二),且选后一定满足"每组数的和都是 11 的倍数".所以"$3+3$"只能是把①②③④⑤中去掉之二后剩下之三(共 6 个数)分成"$3+3$"的两组,但每组数之和都是 11 的倍数(因为"$3+3$"的两组数总和是 33,所以"$3+3$"的两组数每组数之和是 11 或 22).

从①②③中选出"$3+3$"的两组,只能是 $(1,2,8),(3,9,10)$.

从①②④中选出"$3+3$"的两组不可能——因为不可能从三组数"①$(1,10)$;②$(2,9)$;④$(4,7)$"的 6 个数中选出 3 个数之和是 11.

这 3 个数不可能同时包含①②④中某一组数的两个(因为这两个数的和是 11,而其余的数都小于 11),即三组数①②④中只能各选一个;若选出的 3 个数之和是 11,则①中不能选 10 即只能选 1,②中不能选 9 即只能选 2(三个数中若有 9,则另两个数的和最少是 $1+2=3$,得三个数的和最少是 $12>11$),得第三个数只能是 $11-(1+9)=1$,但④中没有 1.

从①②⑤中选出"$3+3$"的两组不可能.

从①③④中选出"$3+3$"的两组,只能是 $(1,3,7),(10,8,4)$.

从①③⑤中选出"$3+3$"的两组不可能.

从①④⑤中选出"$3+3$"的两组,只能是 $(1,4,6),(10,7,5)$.

从②③④中选出"$3+3$"的两组不可能.

从②③⑤中选出"$3+3$"的两组,只能是 $(2,3,6),(9,8,5)$.

从②④⑤中选出"$3+3$"的两组,只能是 $(2,4,5),(9,7,6)$.

从③④⑤中选出"$3+3$"的两组不可能.

得满足题意的"$3+3$"的两组有 5 种选法,当"$3+3$"确定后,"$2+2$"是唯一确定的.

所以 $2+2+3+3$ 形的组数是 5.

得本题的答案是 15.

Ⅲ. (i) 如图 1 所示, 可得梯形 $ABCD$ 的面积为

$$S_{\triangle OAB} + S_{\triangle OBC} + S_{\triangle OCD} + S_{\triangle ODA}$$

$$= \frac{1}{2} \times 6^2 (\sin 90° + \sin 150° + \sin 90° + \sin 30°) = 54$$

(ii) 如图 1 所示, 在等腰梯形 $ABCD$ 中, 可求得 $AB = CD = 6\sqrt{2}$, $AD = 3\sqrt{2}(\sqrt{3}-1)$, $BC = 3\sqrt{2}(\sqrt{3}+1)$, $\angle B = 60°$, $AC = 6\sqrt{3}$.

如图 2 所示, 作梯形 ABC_1D_1 与梯形 $ABCD$ 关于直线 AB 对称, 又作梯形 A_1BCD_2 与梯形 $ABCD$ 关于直线 BC 对称, 还作梯形 $A_2B_1CD_2$ 与梯形 A_1BCD_2 关于直线 CD_2 对称.

作点 S', S 关于直线 AB 对称, 点 R', R 关于直线 BC 对称; 在线段 D_2A_2 上取点 S'' 使得 $D_2S'' = DS$.

有 $D_2R' = D_2C - R'C = DC - RC = DR$, 所以 $\triangle D_2R'S'' \cong \triangle DRS$, $RS = R'S''$.

还可得 $D_1S' = DS = D_2S''$.

由 $\angle C_1BA + \angle ABC + \angle CBA_1 = 60° \times 3 = 180°$, 得三点 C_1, B, A_1 共线.

可得 $\angle A_1D_2A_2 = 360° - \angle A_1D_2C - \angle CD_2A_2 = 120° = \angle BA_1D_2$, 所以 $D_1A // C_1A_1 // D_2A_2$.

再由 $D_1S' = D_2S''$, 得 $\square D_1S'S''D_2$, $S'S'' = D_1D_2$.

所以

$$PQ + QR + RS + SP = SP + PQ + QR + RS$$
$$= S'P + PQ + QR' + R'S''$$
$$\geq S'S'' = D_1D_2$$

如图 2 所示, 作 $D_2H \perp C_1D_1$ 于点 H.

可求得梯形 $ABCD$ 的高为 $AB \cdot \sin 60° = 3\sqrt{6}$, 还可求得

$$D_1H = AD + AD_1 \cdot \cos 60° = \frac{3}{2}AD = \frac{9}{2}(\sqrt{6}-\sqrt{2})$$

$$DH = AD_1 \cdot \sin 60° = AD \cdot \sin 60° = \frac{3}{2}(3\sqrt{2}-\sqrt{6})$$

$$D_2H = 3\sqrt{6} \times 2 + \frac{3}{2}(3\sqrt{2}-\sqrt{6}) = \frac{9}{2}(\sqrt{6}+\sqrt{2})$$

所以 $D_1D_2 = \sqrt{D_1H^2 + D_2H^2} = 18$.

从而可得所求最小值为 18(图 2 还给出了取最小值的作图方法).

注 高振山发表于《中等数学》1994 年第 4 期第 12~13 页的文章《一种内接四边形周长的最小值问题》的推论 1 是:

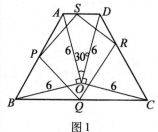

图 1

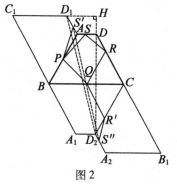

图 2

凸四边形 $ABCD$ 的内接四边形的周长存在最小值的充要条件是：四边形 $ABCD$ 内接于圆，且圆心在四边形 $ABCD$ 内，其最小值为 $2l\sin\alpha$，l 为四边形 $ABCD$ 的一条对角线长，α 为另一条对角线所对的一个内角.

由此结论也可立得本题的答案是 $2\times 6\sqrt{3}\sin 60°=18$.

日本第10届广中杯预赛试题参考答案(2009年)

Ⅰ.(i)满足题设的数包括三类:

①首位是1,末位是9,中间的六位数是0,0,0,2,2,6的一个排列,个数是 $C_6^3 C_3^2 C_1^1 = 60$.

②200$abcd$9形(其中$abcd$是0621的一个排列),个数是 $A_4^4 = 24$.

③200$abcd$1形(其中$abcd$是9062的一个排列,但这个四位数不大于9 062),个数是 $A_4^4 - 4 = 20$(因为大于9 062的有四个:9 620,9 602,9 260,9 206).

所以所求答案是 $60 + 24 + 20 = 104$.

(ii)得 $(3x-y)^2 + y^2 + (z+1)^2 = 3$,所以 $|3x-y| = |y| = |z+1| = 1$,再得 $(x,y,z) = (0,\pm 1,0),(0,\pm 1,-2)$,即所求答案为4.

(iii)同第6届初级广中杯预赛试题Ⅴ答案.

(iv)同第6届初级广中杯预赛试题Ⅳ答案.

(v)如图1所示,设BC与圆I切于点D,由切线长定理可求得 $BD = \dfrac{BA + BC - AC}{2} = 2$,所以 $OD = OB - DB = \dfrac{1}{2}$.

可得内切圆圆I的半径为 $ID = \dfrac{3+4-5}{2} = 1$,再由勾股定理得 $OI = \dfrac{\sqrt{5}}{2}$.

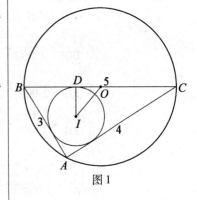

图1

所以点O到圆I上的点的距离的最大值、最小值分别是 $\dfrac{\sqrt{5}}{2} + 1$,$\dfrac{\sqrt{5}}{2} - 1$.

可得圆I扫过的区域W是以圆心为O、半径分别为 $\dfrac{\sqrt{5}}{2} + 1$,$\dfrac{\sqrt{5}}{2} - 1$ 的两个圆组成的圆环,其面积为

$$\pi\left[\left(\dfrac{\sqrt{5}}{2}+1\right)^2 - \left(\dfrac{\sqrt{5}}{2}-1\right)^2\right] = 2\sqrt{5}\pi$$

Ⅱ.(i)(a) $A_8^3 = 336$.

(b) 把 1,2,3,4,5,6,7,8,9 分为三类:

①被 3 除余 0 的:3,6,9;②被 3 除余 1 的:1,4,7;③被 3 除余 2 的:2,5,8.

得到的四位数是 3 的倍数即其各位数字之和是 3 的倍数,包括以下四类:

①②③这三类的个数分别是 0,2,2,得四个数字的选法是 $C_3^2 C_3^2 = 9$;

①②③这三类的个数分别是 1,0,3,得四个数字的选法是 $C_3^1 C_3^3 = 3$;

①②③这三类的个数分别是 1,3,0,得四个数字的选法是 $C_3^1 C_3^3 = 3$;

①②③这三类的个数分别是 2,1,1,得四个数字的选法是 $C_3^2 C_3^1 C_3^1 = 27$.

所以答案是 $(9+3+3+27) A_4^4 = 1\,008$.

(c) 可得最大的四位数是 9 876,它不足 1 234 的 9 倍,所以满足条件的四位数只可能是 1 234 的 1,2,3,4,6,7 或 8 倍(因为 5 倍的末位是 0,不可能).

验证知,只有 $1\,234 \times 1 = 1\,234, 1\,234 \times 2 = 2\,468, 1\,234 \times 4 = 4\,936, 1\,234 \times 8 = 9\,872$.

所以答案为 4.

(ii) 一方面,可得

$$\frac{1}{1\,001} + \frac{1}{1\,002} + \frac{1}{1\,003} + \cdots + \frac{1}{2\,000} < \frac{1\,000}{1\,001} < 1$$

$$\frac{1}{2\,001} + \frac{1}{2\,002} + \frac{1}{2\,003} + \cdots + \frac{1}{3\,000} < \frac{1\,000}{2\,001} < \frac{1}{2}$$

$$\frac{1}{3\,001} + \frac{1}{3\,002} + \frac{1}{3\,003} + \cdots + \frac{1}{4\,000} < \frac{1\,000}{3\,001} < \frac{1}{3}$$

$$\vdots$$

$$\frac{1}{9\,001} + \frac{1}{9\,002} + \frac{1}{9\,003} + \cdots + \frac{1}{10\,000} < \frac{1\,000}{9\,001} < \frac{1}{9}$$

把它们相加,得

$$\frac{1}{1\,001} + \frac{1}{1\,002} + \frac{1}{1\,003} + \cdots + \frac{1}{9\,999} + \frac{1}{10\,000}$$

$$< 1 + \frac{1}{2} + \frac{1}{3} + \cdots + \frac{1}{9} < \frac{7\,381}{2\,520} < 3$$

另一方面,可得

$$\frac{1}{11} + \frac{1}{13} + \frac{1}{16} + \frac{1}{17} + \frac{1}{18} + \frac{1}{19} > \frac{6}{20}, \frac{1}{12} + \frac{1}{15} + \frac{1}{20} = \frac{4}{20}$$

$$\frac{1}{11}+\frac{1}{13}+\frac{1}{16}+\frac{1}{17}+\frac{1}{18}+\frac{1}{19}+\left(\frac{1}{12}+\frac{1}{15}+\frac{1}{20}\right)>\frac{1}{2}$$

$$\frac{1}{11}+\frac{1}{12}+\frac{1}{13}+\cdots+\frac{1}{20}>\frac{1}{2}+\frac{1}{14}$$

还可得

$$\frac{1}{1\,001}+\frac{1}{1\,002}+\frac{1}{1\,003}+\cdots+\frac{1}{1\,100}>\frac{100}{1\,100}=\frac{1}{11}$$

$$\frac{1}{1\,101}+\frac{1}{1\,102}+\frac{1}{1\,103}+\cdots+\frac{1}{1\,200}>\frac{100}{1\,200}=\frac{1}{12}$$

$$\frac{1}{1\,201}+\frac{1}{1\,202}+\frac{1}{1\,203}+\cdots+\frac{1}{1\,300}>\frac{100}{1\,300}=\frac{1}{13}$$

$$\vdots$$

$$\frac{1}{1\,901}+\frac{1}{1\,902}+\frac{1}{1\,903}+\cdots+\frac{1}{2\,000}>\frac{100}{2\,000}=\frac{1}{20}$$

把它们相加,得

$$\frac{1}{1\,001}+\frac{1}{1\,002}+\frac{1}{1\,003}+\cdots+\frac{1}{2\,000}>\frac{1}{11}+\frac{1}{12}+\frac{1}{13}+\cdots+\frac{1}{20}>\frac{1}{2}+\frac{1}{14}$$

可得

$$\frac{1}{2\,001}+\frac{1}{2\,002}+\frac{1}{2\,003}+\cdots+\frac{1}{3\,000}>\frac{1\,000}{3\,000}=\frac{1}{3}$$

$$\frac{1}{3\,001}+\frac{1}{3\,002}+\frac{1}{3\,003}+\cdots+\frac{1}{4\,000}>\frac{1\,000}{4\,000}=\frac{1}{4}$$

$$\vdots$$

$$\frac{1}{9\,001}+\frac{1}{9\,002}+\frac{1}{9\,003}+\cdots+\frac{1}{10\,000}<\frac{1\,000}{10\,000}=\frac{1}{10}$$

把它们相加,得

$$\frac{1}{1\,001}+\frac{1}{1\,002}+\frac{1}{1\,003}+\cdots+\frac{1}{10\,000}>\frac{1}{2}+\frac{1}{3}+\frac{1}{4}+\cdots+\frac{1}{10}+\frac{1}{14}$$

$$=\frac{7\,381}{2\,520}+\frac{1}{14}-1$$

$$=\frac{7\,561}{2\,520}-1>2$$

所以 $2<\frac{1}{1\,001}+\frac{1}{1\,002}+\frac{1}{1\,003}+\cdots+\frac{1}{10\,000}<3$,得所求答案是 2.

(iii)如图 2 所示.

由 $\triangle ABC \backsim \triangle ACN$,可得 $AN=\frac{49}{9}, CN=\frac{56}{9}, NB=\frac{32}{9}$.

再由角平分线的性质 $\frac{CN}{CB}=\frac{NP}{PB}$,可求得 $NP=\frac{14}{9}, PB=2$.

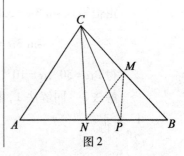

图2

在 $\triangle ABC$ 中,由余弦定理可求得 $\cos A = \dfrac{11}{21}$, $\cos B = \dfrac{2}{3}$, $\cos \angle ANC = \cos \angle ACB = \dfrac{2}{7}$. 再得 $\cos \angle ACN = \dfrac{2}{3}$.

可求得 $\cos \angle NCB = \dfrac{19}{21}$, $\cos \angle NCP = \cos \angle PCB = \sqrt{\dfrac{20}{21}}$.

在 $\triangle CMN$ 中,由余弦定理可求得 $MN = \dfrac{28}{9}$, $\cos \angle CNM = \dfrac{41}{49}$.

在 $\triangle PBM$ 中,由余弦定理可求得 $PM = 2\sqrt{\dfrac{7}{3}}$;在 $\triangle ACP$ 中,由余弦定理可求得 $PC = 2\sqrt{\dfrac{35}{3}}$.

在 $\triangle CPM$ 中,由余弦定理可求得 $\cos \angle CPM = \dfrac{3}{7}\sqrt{5}$, $\cos 2\angle CPM = \dfrac{41}{49}$.

可得 $\cos \angle CNM = \cos 2\angle CPM$, $\angle CNM : \angle CPM = 2$.

(iv) 这是一笔画问题.因为图中的点全是偶点(即通过该点出发的线段条数是偶数),所以从每一点开始均可一笔画出.分两类情行:一是从点 A 或点 B 或点 C 开始画(三种情况一样多),二是从点 D 或点 E 或点 F 开始画(三种情况一样多).可得答案为 288.

Ⅲ.**解法** 1 如图 3(即原题的图 4)所示,设 $AB = AP = 1$, $PB = PQ = QC = \sqrt{2}$, $\angle DBC = \alpha (0° < \alpha < 45°)$.

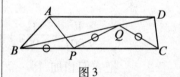

图 3

在 $\triangle CPQ$ 中,用余弦定理,得 $PC = 2\sqrt{2} \cos 2\alpha$,所以 $BD = BC = \sqrt{2}(1 + 2\cos 2\alpha)$.

在 $\triangle ABD$ 中, $\angle ABD = 45° - \alpha$, $\angle BAD = 135°$, $\angle ADB = \alpha$,由正弦定理得

$$\dfrac{1}{\sin \alpha} = \dfrac{\sqrt{2}(1 + 2\cos 2\alpha)}{\sin 135°}$$

$$8\sin^3 \alpha - 6\sin \alpha + 1 = 0$$

由恒等式 $\sin 3\alpha = 3\sin \alpha - 4\sin^3 \alpha$,得

$$\sin 3\alpha = \dfrac{1}{2} \quad (0° < 3\alpha < 135°)$$

得 $3\alpha = 30°$, $\alpha = 10°$,即 $\angle ABD$ 的度数是 35°.

解法 2 同解法 1,由 $\triangle BCD$ 的 BC 边上的高即 $\triangle ABP$ 的高 $\dfrac{1}{\sqrt{2}}$,可得

$$\sin\angle DBC = \sin\alpha = \frac{\frac{1}{\sqrt{2}}}{BD} = \frac{\frac{1}{\sqrt{2}}}{\sqrt{2}(1+2\cos 2\alpha)}$$

$$8\sin^3\alpha - 6\sin\alpha + 1 = 0$$

接下来,同上也可求得答案.

日本第10届广中杯决赛试题参考答案(2009年)

Ⅰ. 同第6届初级广中杯决赛试题Ⅰ答案.

Ⅱ. (i) 0 或 200.

(ii) 670, 671, 672, …, 1 004.

Ⅲ. 如图1(即原题的图1)所示,可得 $S = \frac{1}{2}\sin x$, $T = \frac{1}{2}\sin 3x$, $U = \frac{1}{4}\cot x$, $V = \frac{1}{4}\cot\frac{x}{2}$.

猜测答案为5.

即证

$$2\sin\frac{\pi}{7} + \sin\frac{3\pi}{7} + \frac{7}{4}\cot\frac{\pi}{7} = \frac{5}{4}\cot\frac{\pi}{14}$$

$$8\sin^2\frac{\pi}{7} + 4\sin\frac{\pi}{7}\sin\frac{3\pi}{7} + 7\cos\frac{\pi}{7}$$

$$= \frac{5}{4} \cdot \frac{\cos\frac{\pi}{14}}{\sin\frac{\pi}{14}} \cdot 8\sin\frac{\pi}{14}\cos\frac{\pi}{14} = 5\left(1 + \cos\frac{\pi}{7}\right)$$

$$4\left(1 - \cos\frac{2\pi}{7}\right) - 2\left(\cos\frac{4\pi}{7} - \cos\frac{2\pi}{7}\right) + 2\cos\frac{\pi}{7} = 5$$

$$2\cos\frac{5\pi}{7} + 2\cos\frac{3\pi}{7} + 2\cos\frac{\pi}{7} = 1$$

$$2\sin\frac{\pi}{7}\cos\frac{5\pi}{7} + 2\sin\frac{\pi}{7}\cos\frac{3\pi}{7} + 2\sin\frac{\pi}{7}\cos\frac{\pi}{7} = \sin\frac{\pi}{7}$$

$$\sin\frac{6\pi}{7} - \sin\frac{4\pi}{7} + \sin\frac{4\pi}{7} - \sin\frac{2\pi}{7} + \sin\frac{2\pi}{7} = \sin\frac{\pi}{7}$$

$$\sin\frac{6\pi}{7} = \sin\frac{\pi}{7}$$

此式成立,所以猜测正确,即所求答案为5.

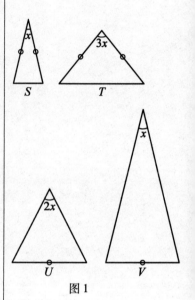

图1

Ⅳ. 如图2所示,延长 AM, BM 分别交 BC, AD 的延长线于点 E, G, 取 AD 的中点 F, 由 $BA = BD$, 得 $BF \perp AD$.

可得 $AM = ME$, $\angle E = \angle DAM = \angle MAB$, $BA = BE$, $BM \perp AM$. 又

$$BG^2 = BF^2 + (FD + DG)^2 = BF^2 + (AF + BC)^2 = AC^2$$

(最后一步:在图2中作 $AH \perp BC$ 于点 H 后,由勾股定理可得)所

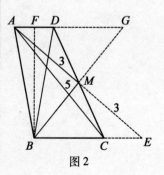

图2

以 $BG = AC, BM = \dfrac{5}{2}$.

再由 $AD = CE$,得四边形(梯形)$ABCD$ 的面积即 $S_{\triangle ABE} = AM \cdot BM = 3 \cdot \dfrac{5}{2} = \dfrac{15}{2}$.

日本第7届初级广中杯预赛试题
参考答案(2010年)

I. 由 $\frac{1}{2}+\frac{1}{3}+\frac{1}{6}=1$,可得

$$\text{原式} = \frac{\frac{1}{11}-11}{36} = -\frac{10}{33}$$

II. 太智.

III. 因为自然数的平方的个位数字不可能是 2,3,7,8,所以 $d=1$.

可得 $a+b+c+d=1+2+3+7=13$,$b+d+a=13-c$,所以由所给等式可得 $(13-c)^2$ 的个位数字是1.

再由 $c\in\{2,3,7\}$,可得 $c=2$. 所以所给等式,即
$$1\,000a+100b+21=(10a+31)^2.$$

还可得 $\{a,b\}=\{3,7\}$.

若 $(a,b)=(7,3)$,得 $101^2=7\,321$. 而 101^2 的首位数字是 1,所以这种情形不可能!

得 $(a,b)=(3,7)$,此时所给等式即 $61^2=3\,721$,这是正确的!

所以 a,b,c,d 的值分别是 3,7,2,1.

IV. 24.

V. 可得题意即 $\overline{bcd}\mid 1\,000a$,$\overline{bcd}\mid 125\cdot 8a$.

当 $2\mid\overline{bcd}$ 时,5 不整除 $\overline{bcd}$(因为 $d\neq 0$),此时得 $\overline{bcd}\mid 8a$,但 $8a\leq 8\times 9=72$,即此种情形不可能!

所以 2 不整除 $\overline{bcd}$,得 $\overline{bcd}\mid 125a$,且 b,c,d 均不为 1,d 是奇数.

当 $a=1,2,4,8$ 时,得 $\overline{bcd}\mid 125$,$\overline{bcd}=125$,这与 $b\neq 1$ 矛盾!

当 $a=3,6$ 时,得 $\overline{bcd}\mid 375$,$\overline{bcd}=375$.

当 $a=9$ 时,得 $\overline{bcd}\mid 5^3\times 3^2$,$\overline{bcd}=125,225,375$,由 $b\neq 1$,b,c,d 互不相同,可得 $\overline{bcd}=375$.

当 $a=5$ 时,得 $\overline{bcd}\mid 5^4$,$\overline{bcd}=125$,这与 $b\neq 1$ 矛盾!

当 $a=7$ 时,得 $\overline{bcd}\mid 5^3\times 7$,$\overline{bcd}=125$ 或 175,这与 $b\neq 1$ 矛盾!

总之,$\overline{bcd}=375$.

因为题意即 $3\mid a$. 因为 $a\neq 3,5,7$，所以 $a=6,9$.

得四位数 $\overline{abcd}$ 的所有可能取值是 6 375 或 9 375.

Ⅵ.（i）可以得到 4 个不同的得数
$$1+2\times 3+4=11$$
$$(1+2)\times 3+4=13$$
$$1+2\times(3+4)=15$$
$$(1+2)\times(3+4)=21$$

（ii）可以得到 7 个不同的得数
$$5+6\times 5\times 1+3=38$$
$$(5+6)\times 5\times 1+3=58$$
$$5+6\times 5\times(1+3)=125$$
$$5+6\times(5\times 1+3)=53$$
$$(5+6)\times 5\times(1+3)=220$$
$$(5+6\times 5)\times(1+3)=140$$
$$(5+6)\times(5\times 1+3)=88$$

Ⅶ. $\dfrac{11}{2}$.

Ⅷ. 如图 1 所示，由 $BA=BG$，$\angle ABG=108°$，得 $\angle BAC=36°$.
同理，$\angle DAH=36°$. 又 $\angle BAH=108°$，所以 $\angle CAD=36°$.
可不妨设 $AB=1$.

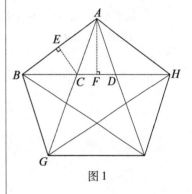

图 1

在 $\triangle ABC$ 中，作 $CE\perp AB$ 于点 E，可得 $CE=\dfrac{\tan 36°}{2}$，所以等腰钝角三角形 Q（即 $\triangle ABC$）的面积为 $\dfrac{1}{2}AB\cdot CE=\dfrac{\tan 36°}{4}$.

在 $\text{Rt}\triangle ACE$ 中，可得 $AC=\dfrac{1}{2\cos 36°}$.

所以等腰锐角三角形 P（即 $\triangle ADC$）的面积为 $\dfrac{1}{2}AC\cdot AD\cdot \sin\angle CAD=\dfrac{\tan 36°}{8\cos 36°}$.

易得 Q 的面积大于 P 的面积.

可求得边长为 1 的正五边形的面积是 $\dfrac{5}{4}\tan 54°$.

如图 1 所示，在 $\triangle ACD$ 中，作 $AF\perp CD$ 于点 F，可得 $CE=\dfrac{\sin 18°}{2\cos 36°}$，所以正五边形 R 的边长 $CD=\dfrac{\sin 18°}{\cos 36°}$，所以正五边形 R 的面积为

$$\dfrac{5}{4}\tan 54°\left(\dfrac{\sin 18°}{\cos 36°}\right)^2=\dfrac{5}{4}\cdot\dfrac{\cos 36°}{\sin 36°}\left(\dfrac{\sin 18°}{\cos 36°}\right)^2$$

$$= \frac{5}{2} \cdot \frac{\sin^2 18°}{2\sin 36° \cos 36°}$$

$$= \frac{5\sin^2 18°}{2\cos 18°}$$

下证 R 的面积大于 Q 的面积,即证

$$\frac{5\sin^2 18°}{2\cos 18°} > \frac{\sin 36°}{4\cos 36°}$$

可证 $4\sin 18°\cos 36° = 1$(即证 $4\sin 18°\cos 18°\cos 36° = \sin 72°$),所以即证

$$\frac{5\sin 18°}{2\cos 18°} > 2\sin 18°\cos 18°$$

$$5 > 4\cos^2 18°$$

这是显然成立的.

所以 R 的面积大于 Q 的面积,Q 的面积大于 P 的面积,即面积最大的是 R.

Ⅸ. 352.

Ⅹ. 如图 2 所示,可设 $MA = MB = 1$,$AC = 2$,$\angle BAC = \alpha$,$\angle CAD = \beta$,$\angle DBA = \alpha + \beta$,$\angle ADM = \angle BDM = \angle CDE = 90° - \alpha - \beta$(其中点 E 在线段 AD 的延长线上,由 $\angle ADB + \angle CDM = 180°$ 可得 $\angle CDE = \angle BDM$).

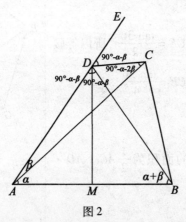

图 2

由平角的定义,还可得 $\angle BDC = 3\alpha + 3\beta - 90°$,再由三角形内角和定理,可得 $\angle ACD = 90° - \alpha - 2\beta$.

在 Rt$\triangle ADM$ 中,可得 $AD = \dfrac{1}{\cos(\alpha + \beta)}$.

在 $\triangle ACD$ 中,由正弦定理 $\dfrac{AC}{\sin \angle ADC} = \dfrac{AD}{\sin \angle ACD}$,得

$$\frac{2}{\sin(90° - \alpha - \beta)} = \frac{\dfrac{1}{\cos(\alpha + \beta)}}{\sin(90° - \alpha - 2\beta)}$$

$$\alpha + 2\beta = 60°$$
$$3\alpha + 6\beta = 180°$$
$$3\angle BAC + 6\angle DAC = 180°$$

即 $x = 6$.

日本第7届初级广中杯决赛试题参考答案(2010年)

Ⅰ.(i)(1,1,1,1 000).

(ii)(−3,1,1,1 000).

(iii)(31,32,32,33).

(iv)(13,21,34,55).

Ⅱ.(i)可以证明(将左、右两边展开即可)

$$\left[\frac{1}{3}(10^n-1)\right]^2=\frac{1}{9}(10^{n-1}-1)\cdot 10^{n+1}+\frac{8}{9}(10^{n-1}-1)\cdot 10+9 \quad (n\in \mathbf{N}^*)$$

即

$$\underbrace{33\cdots3}_{n\text{个}3}{}^2=\underbrace{11\cdots1}_{n-1\text{个}1}0\underbrace{88\cdots8}_{n-1\text{个}8}9 \quad (n\in\mathbf{N}^*)$$

当 $n=12$ 时,可得所求答案为 $1\times 11+0+8\times 11+9=108$.

(ii)可得截面如图1所示,两边均是直径为 $\frac{4}{3}$ 的半圆,中间是长、宽分别为 $\frac{4}{3},\frac{2}{3}$ 的矩形.

所以该截面的面积是 $\pi\left(\frac{2}{3}\right)^2+\frac{2}{3}\times\frac{4}{3}=\frac{8+4\pi}{9}$.

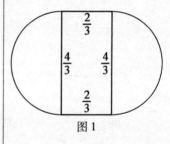

图1

(iii)用二进制的知识来解答:$2^k=1\underbrace{00\cdots0}_{k\text{个}0}{}_{(2)}$.

满足题设的和用二进制数表示时,末位数字一定是0(首位数字当然是1).

和是4位二进制数时,有 $1=C_2^2$ 个,即 $1110_{(2)}$.

和是5位二进制数时,有 C_3^2 个:因为 $1???0_{(2)}$ 中的3个"?"选2个排1其余的位置排0有 C_3^2 种排法.

和是6位二进制数时,有 C_4^2 个:因为 $1????0_{(2)}$ 中的4个"?"选2个排1其余的位置排0有 C_4^2 种排法.

……

和是 n 位二进制数时,有 C_{n-2}^2 个:因为 $1\underbrace{??\cdots?}_{n-2\text{个}?}0_{(2)}$ 中的 $n-2$ 个"?"选2个排1其余的位置排0有 C_{n-2}^2 种排法.

所以和是 $4\sim n$ 位二进制数时,有 $C_2^2+C_3^2+C_4^2+\cdots+C_{n-2}^2=$

C_{n-1}^3 个.

由此得,和是 4~13 位二进制数时,有 $C_{12}^3 = 220$ 个,和是 4~14 位二进制数时,有 $C_{13}^3 = 286$ 个.

所以满足题设的第 222 个数即第 14 位数中第二小者,即 $\underbrace{100\cdots0}_{9\text{个}0}1010_{(2)} = 2^{13} + 2^3 + 2 = 8\,202$.

(iv) 设 1,2,3,4,5,6 点分别出现了 a,b,c,d,e,f(它们都是自然数)次,得

$$\begin{cases} a+b+c+d+e+f=10 & (1) \\ 1a+2b+3c+4d+5e+6f=39 & (2) \\ 1^a 2^b 3^c 4^d 5^e 6^f = 345\,600 & (3) \end{cases}$$

(3) 即 $2^{b+2d+f} 3^{c+f} 5^e = 2^9 3^3 5^2$,也即

$$b+2d+f=9, c+f=3, e=2$$

也即 $e=2$,且

$$b = 6+c-2d \quad (4)$$

$$f = 3-c \quad (5)$$

把 $e=2$ 及 (4)(5) 分别代入 (1)(2) 后,可得

$$a+b+d = 5 \quad (6)$$

$$c = a+1 \quad (7)$$

由 (5) 可得 $(c,f) = (0,3), (1,2)$ 或 $(3,0)$,再由 (4)(6)(7),可得 $(a,b,c,d,e,f) = (0,3,1,2,2,2)$ 或 $(1,0,2,4,2,1)$,即本题的全部答案是 $(0,3,1,2,2,2), (1,0,2,4,2,1)$.

(v) 若一组整数的乘积有质因数 2,3,5,7,11,13,17 之一,则必有它们的全部. 比如有质因数 2 时,这组整数中必有 34,所以必有质因数 17;有质因数 17 时,这组整数中必有 34,必有质因数 2,这组整数中必有 6,必有质因数 3,….

先给出 6 个数:$1, 19, 23, 29, 31, \dfrac{35!}{31 \times 29 \times 23 \times 19}$,进而可得满足题意的方法只有三类:

(1) 从这 6 个数中选 1 个作为第一组,其余 5 个作为第二组;

(2) 从这 6 个数中选 2 个作为第一组,其余 4 个作为第二组;

(3) 从这 6 个数中选 3 个作为第一组,其余 3 个作为第二组.

所以答案为 $C_6^1 + C_6^2 + C_6^3 = 41$.

注 出题方所给答案是 31,这显然是错误的.

Ⅲ. 如图 2(即原题中的图 1)所示,可得 $2x+z = 180°$.

由此,还得

$$\angle BED = 180° - x - 2y - z = (2x+z) - x - 2y - z = x - 2y$$

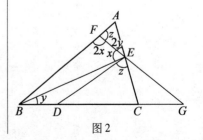

图 2

$\angle EDG = y + \angle BED = x - y, \angle ECG = z + \angle EDG = x - y + z$

又 $\angle CEG = 2y$,所以

$$\begin{aligned}\angle G &= 180° - \angle ECG - \angle CEG = 180° - (x - y + z) - 2y \\ &= (2x + z) - (x - y + z) - 2y \\ &= x - y\end{aligned}$$

得 $\angle EDG = \angle G = x - y, ED = EG$.

(2)由图 3 可求得答案是 $\dfrac{20}{3}$.

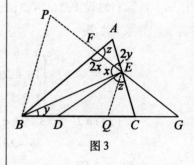

图 3

日本第11届广中杯预赛试题
参考答案(2010年)

Ⅰ.(i)同第7届初级广中杯预赛试题Ⅷ答案.

(ii)同第7届初级广中杯预赛试题Ⅱ答案.

(iii)可得
$$1^1 + 2^2 + 3^3 + \cdots + n^n$$
$$< \underbrace{(n+1)^n + (n+1)^n + (n+1)^n + \cdots + (n+1)^n}_{n个(n+1)^n}$$
$$= n(n+1)^n < (n+1)^{n+1}$$

所以
$$10^{200} = 100^{100} < 1^1 + 2^2 + 3^3 + 4^4 + \cdots + 100^{100} < 100^{100} + 100^{100}$$
$$= 2 \times 10^{200}$$

得 $1^1 + 2^2 + 3^3 + 4^4 + \cdots + 100^{100}$ 的位数是 101,且首位数字是 1.

(iv)①4.

②367.

(v) $\dfrac{20}{3}$.

Ⅱ.(i)449.

(ii)①24;②84.

(iii)先作出本题对应的图形如图1所示,并联结 BP. 在图 1 中以直线 BC 为 x 轴(且射线 BC 的方向为 x 轴的正方向),线段 BC 的中垂线为 y 轴建立平面直角坐标系(这里没有画出坐标系).

由 $AB = 3$, $BC = 4$, $CA = 2$, 可求得 $B(-2,0)$, $C(2,0)$, $A\left(\dfrac{5}{8}, \dfrac{3}{8}\sqrt{15}\right)$.

由圆 E_1 经过点 A, 且与直线 BC 相切于点 B, 可求得圆 E_1 的方程是 $(x+2)^2 + \left(y - \dfrac{4}{5}\sqrt{15}\right)^2 = \dfrac{48}{5}$.

同理可求得圆 E_2 的方程是 $(x-2)^2 + \left(y - \dfrac{16}{45}\sqrt{15}\right)^2 = \dfrac{256}{135}$.

把圆 E_1 和圆 E_2 的方程相减,得它们的公共弦 AD 所在的直线方程是 $y = \dfrac{3}{5}\sqrt{15}\, x$.

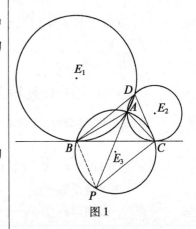

图1

可求得 $\triangle ABC$ 的外接圆圆 E_3 的方程是 $x^2 + \left(y + \dfrac{2}{15}\sqrt{15}\right)^2 = \dfrac{64}{15}$.

进而可求得直线 AD 与圆 E_3 的除 D 外的另一个交点 $P\left(-1, -\dfrac{3}{5}\sqrt{15}\right)$.

又 $C(2,0)$,所以可求得 $CP = \dfrac{6}{5}\sqrt{10}$.

注 (a)出题方给出的本题答案是 3(没有任何过程),笔者猜测是这样解答的:

先作出本题对应的图形如图 2 所示,并联结 BP.

由 $\angle CPD = \angle CBD$(同弧所对的圆周角相等) $= \angle BAD$(弦切角等于它所夹弧所对的圆周角),得 $AB\,/\!/\,CP$.

同理,由 $\angle BPD = \angle DCB = \angle CAD$,得 $AC\,/\!/\,BP$.

得 $\square ABPC$,所以 $CP = AB = 3$,即 CP 的长度是 3.

下面分析该解答的错误:

在正确解答中已求得圆 E_1 与圆 E_2 的方程,进而可求得它们的公共点 D 的坐标是 $\left(1, \dfrac{3}{5}\sqrt{15}\right)$.

由点 D 的纵坐标 $\dfrac{3}{5}\sqrt{15}$ 大于点 A 的纵坐标 $\dfrac{3}{8}\sqrt{15}$,可知点 D 在点 A 的上方,即图 2 有误,这是产生错误答案的根源.

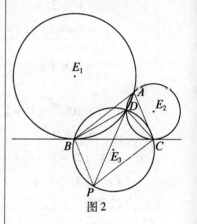

图 2

(b)在图 1 中由 $\angle BPA = \angle ACB = \angle CDP$,得 $BP\,/\!/\,DC$.

同理有 $DB\,/\!/\,CP$,所以得 $\square CDBP$, $CP = DB$.

在(a)中已求得 $D\left(1, \dfrac{3}{5}\sqrt{15}\right)$,又 $B(-2,0)$,所以可求得 $CP = DB = \dfrac{6}{5}\sqrt{10}$.

(c)因为已求得直线 $AD: y = \dfrac{3}{5}\sqrt{15}\,x$,所以直线 AD 过原点即线段 BC 的中点. 这也是本题的一个伴随结论.

(iv)设 $\sqrt{x + \sqrt{x + \sqrt{x + \sqrt{x + \sqrt{x + \sqrt{x}}}}}} = t$.

由 x 是正数:

一方面,得

$$\sqrt{x + \sqrt{x}} > \sqrt{x}$$

$$\sqrt{x + \sqrt{x + \sqrt{x}}} > \sqrt{x + \sqrt{x}}$$

$$\vdots$$

$$\sqrt{x+\sqrt{x+\sqrt{x+\sqrt{x+\sqrt{x+\sqrt{x}}}}}}$$
$$> \sqrt{x+\sqrt{x+\sqrt{x+\sqrt{x+\sqrt{x+\sqrt{x}}}}}}$$
$$2010 = \sqrt{x+t} > t$$
$$x = 2010^2 - t > 2010^2 - 2010 = 4\,038\,090$$

另一方面,还可得
$$t^2 > x$$
$$\left(t+\frac{1}{2}\right)^2 > x+t$$
$$t+1 > \sqrt{x+t} = 2010$$
$$x = 2010^2 - t < 2010^2 - 2009 = 4\,038\,091$$

所以 $4\,038\,090 < x < 4\,038\,091$,得不超过 x 的最大整数是 $4\,038\,090$.

Ⅲ. (i) 10,比如 00,11,22,33,…,99.

(ii) 100.

日本第11届广中杯决赛试题参考答案(2010年)

Ⅰ.同第7届初级广中杯决赛试题Ⅰ答案.

Ⅱ.(i)$9+9+8+7+6+5+4+3+2+1=54$.

(ii)34.

(iii)40.

(iv)20.

Ⅲ.(i)$0,2,4,6,\cdots,4n-2$.

(ii)$n,n+1,n+2,\cdots,3n$.

Ⅳ. 在 $\triangle ABC$,$\triangle ACD$,$\triangle BCD$ 中,由正弦定理,可得

$$\frac{\sin\angle BAC}{BC}=\frac{\sin\angle CBA}{CA},\frac{\sin\angle ADC}{AC}=\frac{\sin\angle CAD}{CD}$$

$$\frac{\sin\angle DBC}{DC}=\frac{\sin\angle CDB}{CB}$$

所以

$$\frac{\sin\angle BAC \cdot \sin\angle ADC \cdot \sin\angle DBC}{\sin\angle CAD \cdot \sin\angle CDB \cdot \sin\angle CBA}=1$$

即

$$\frac{\sin(90°-2x)\cdot\sin(90°-x)\cdot\sin x}{\sin y\cdot\sin y\cdot\sin 4x}=1$$

$$\sin^2 y=\frac{1}{4}$$

$$\sin y=\frac{1}{2}$$

由 $\angle ADB=90°-x-y$ 知,$0°<y<90°$,所以 $y=30°$.

注 本题的背景是角元塞瓦定理的另一种形式(可见李成章发表于《中等数学》2006 年第 1 期第 5~11 页的文章《角元塞瓦定理及其应用(一)》中的定理3,同以上解法用正弦定理易证其成立):在凸四边形 ABMC 中,有如下 4 个结论成立:

(1)对于 $\triangle ABC$ 与点 M,有

$$\frac{\sin\angle BAM}{\sin\angle MAC}\cdot\frac{\sin\angle ACM}{\sin\angle MCB}\cdot\frac{\sin\angle CBM}{\sin\angle MBA}=1$$

(2)对于 $\triangle BMA$ 与点 C,有

$$\frac{\sin\angle MBC}{\sin\angle CBA}\cdot\frac{\sin\angle BAC}{\sin\angle CAM}\cdot\frac{\sin\angle AMC}{\sin\angle CMB}=1$$

(3) 对于 △MCB 与点 A，有

$$\frac{\sin\angle CMA}{\sin\angle AMB}\cdot\frac{\sin\angle MBA}{\sin\angle ABC}\cdot\frac{\sin\angle BCA}{\sin\angle ACM}=1$$

(4) 对于 △AMC 与点 B，有

$$\frac{\sin\angle ACB}{\sin\angle BCM}\cdot\frac{\sin\angle CMB}{\sin\angle BMA}\cdot\frac{\sin\angle MAB}{\sin\angle BAC}=1$$

V. (i) 方程 (*) 即 $x(ax+by)+y^2=1$，所以它还有除 $(0,\pm 1)$ 之外的有理解 $\left(\dfrac{b}{a},-1\right),\left(-\dfrac{b}{a},1\right)$.

(ii) 设 $y=kx-1$ 后，可求得方程 (*) 的无限多组有理解

$$(x,y)=\left(\frac{2k+b}{k^2+bk+a},\frac{k^2-a}{k^2+bk+a}\right)$$

（其中 k 是有理数，且 $k^2+bk+a\neq 0$）

日本第8届初级广中杯预赛试题参考答案(2011年)

I. 先给出一个结论:

若 $a \geqslant 2$,可设 $a = p_1^{\alpha_1} p_2^{\alpha_2} \cdots p_k^{\alpha_k}$($p_1, p_2, \cdots, p_k$ 是两两互异的质数;$\alpha_1, \alpha_2, \cdots, \alpha_k \in \mathbf{N}^*$),因为正整数 a 的正约数集合为 $\{p_1^{\beta_1} p_2^{\beta_2} \cdots p_k^{\beta_k} | \beta_i = 0, 1, 2, \cdots, \alpha_i (i = 1, 2, \cdots, k)\}$(由分步计数原理得正整数 a 的正约数个数为 $(\alpha_1 + 1)(\alpha_2 + 1) \cdots (\alpha_k + 1)$),再由多项式的乘法法则"用一个多项式的每一项去乘以另一个多项式的每一项,再把所得的积相加",可得正整数 a 的所有正约数的和为

$$(1 + p_1 + p_1^2 + \cdots + p_1^{\alpha_1})(1 + p_2 + p_2^2 + \cdots + p_2^{\alpha_2}) \cdots \cdot$$
$$(1 + p_k + p_k^2 + \cdots + p_k^{\alpha_k})$$
$$= \frac{p_1^{\alpha_1+1} - 1}{p_1 - 1} \cdot \frac{p_2^{\alpha_2+1} - 1}{p_2 - 1} \cdot \cdots \cdot \frac{p_k^{\alpha_k+1} - 1}{p_k - 1}.$$

因为 $2005^2 = 5^2 \times 401^2$,所以 2005^2 的正约数的总和是 $\frac{5^3 - 1}{4} \times \frac{401^3 - 1}{400} = 4\,997\,293$.

因为 $2007^2 = 3^4 \times 223^2$,所以 2007^2 的正约数的总和是 $\frac{3^5 - 1}{2} \times \frac{223^3 - 1}{222} = 6\,044\,313$.

因为 $2009^2 = 7^4 \times 41^2$,所以 2009^2 的正约数的总和是 $\frac{7^5 - 1}{6} \times \frac{41^3 - 1}{40} = 4\,826\,123$.

因为 $2011^2 = 2011^2$,所以 2011^2 的正约数的总和是 $\frac{2011^3 - 1}{2010} = 4\,046\,133$.

因为 $2013^2 = 3^2 \times 11^2 \times 61^2$,所以 2013^2 的正约数的总和是 $\frac{3^3 - 1}{2} \times \frac{11^3 - 1}{10} \times \frac{61^3 - 1}{60} = 6\,540\,807$.

所以可得答案是 D.

II. 设 $\square = x(x \geqslant 2, x \in \mathbf{N}^*)$,得
$$x^2(x^{x-1} + 1) = 2^6(2^{21} + 1) = 8^2(8^{8-1} + 1)$$

因为函数 $f(x) = x^2(x^{x-1} + 1)(x \geqslant 2)$ 是增函数,所以方程

$f(x)=f(8)(x\geqslant 2)$ 有唯一解,且解为 $x=8$,即"□"中应填"8".

注 下面证明:若"□"中填入正数,则答案也是 8.

设 $f(x)=(x+1)\ln x(x>0)$,得 $f'(x)=\frac{1}{x}+\ln x+1(x>0)$,$f''(x)=\frac{x-1}{x^2}(x>0)$.

进而可得 $f'(x)_{\min}=f'(1)=2(x>0)$,所以函数 $f(x)$ 是增函数.

得函数 $y=e^{f(x)}=x^{x+1}(x>0)$ 也是增函数.

又函数 $y=x^2(x>0)$ 是增函数,所以函数 $y=x^{x+1}+x^2=x^2(x^{x-1}+1)(x>0)$ 是增函数.

由此可得欲证结论成立.

Ⅲ. 4.

Ⅳ. 出题方所给的参考答案是 90(没有任何过程),但笔者发现此题有误:

图 1 是满足题设的图形,但在 Rt△EBC 中,斜边的长小于直角边 CE 的长.

Ⅴ. 在 1,2,3,4,5,6 中选 4 个数使得两两之积相等,只有两种可能:$1\times 6=2\times 3,2\times 6=3\times 4$.

再由 $a\times e=d\times f$ 知,$a\times e=d\times f=6$ 或 12.

由 $b\times f<a\times e=d\times f$,得 $b<d$.

再由 $c\times d<b\times f$,得 $c<f$;再由 $d\times f<a\times b$,得 $f<a$. 所以 $c<f<a$.

由 $\begin{cases}f<a\\a\times e=d\times f\end{cases}$,得 $e<d$.

所以 $\begin{cases}a>f>c\\d>b\\d>e\end{cases}$.

由 a,b,c,d,e,f 是 1,2,3,4,5,6 的一个排列,得"$a=6$ 或 $d=6$"且"$b=1$ 或 $c=1$ 或 $e=1$".

(ⅰ)若 $a=6$,由"$a\times e=6$ 或 12",得 $e=1$ 或 2.

若 $a=6,e=1$,得 $\{b,f\}=\{2,3,4,5\}$,所以 $b\times f>2\times 3$,这将与题设 $b\times f<a\times e$ 矛盾!

若 $a=6,e=2$,得 $\{b,c,d,f\}=\{1,3,4,5\}$,由 $b\times f<a\times e=12$ 可得 $1\in\{b,f\}$(否则 $b\times f>3\times 4=12$),所以 $1\notin\{c,d\}$,得 $c\times d>3\times 4=12$,这将与题设 $c\times d<b\times f<a\times e$ 矛盾!

即此时不成立.

(ⅱ)若 $d=6$,由"$d\times f=6$ 或 12",得 $f=1$ 或 2.

由 $f>c$ 知,$d=6,f=2,c=1$.

由 $a\times e=d\times f$ 知,$(a,e)=(4,3)$ 或 $(3,4)$.

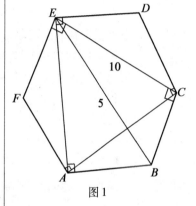

图 1

若 $(a,e)=(4,3)$，得 $b=5$，但不满足题设 $b\times c+1<e\times f$，所以 $(a,e)=(3,4)$，$b=5$，即 a,b,c,d,e,f 的值分别是 $3,5,1,6,4,2$，还可验证它们满足所有题设.

得所求 a,b,c,d,e,f 的值分别是 $3,5,1,6,4,2$.

VI. 231.

VII. $135,175,315,735$.

VIII. 本题的一般问题是波形排列问题.

参见王明建、陈彩云发表于《数学通讯》2000 年第 9 期第 45 页的文章《波形排列问题简介》解答如下.

设 $\{a_1,a_2,\cdots,a_n\}=\{1,2,\cdots,n\}$. 若 $a_1<a_2,a_2>a_3,a_3<a_4,\cdots$，则称 $a_1a_2\cdots a_n$ 为一个上波形排列；若 $a_1>a_2,a_2<a_3,a_3>a_4,\cdots$，则称 $a_1a_2\cdots a_n$ 为一个下波形排列. 所有上波形排列的个数记为 A_n，所有下波形排列的个数记为 B_n.

波形排列包括上波形排列和下波形排列两种情形，所以所有波形排列的个数 $C_n=A_n+B_n$.

设 $a_1a_2\cdots a_n$ 是 $1,2,\cdots,n$ 的一个上波形排列，令 $b_i=n+1-a_i$ ($i=1,2,\cdots,n$)，则 $b_1b_2\cdots b_n$ 是 $1,2,\cdots,n$ 的一个下波形排列；反之，若 $b_1b_2\cdots b_n$ 是 $1,2,\cdots,n$ 的一个下波形排列，令 $a_i=n+1-b_i$ ($i=1,2,\cdots,n$)，则 $a_1a_2\cdots a_n$ 是 $1,2,\cdots,n$ 的一个上波形排列.

从而，上波形排列和下波形排列之间建立了一一对应关系. 所以

$$A_n=B_n,C_n=2A_n=2B_n$$

下面先求 C_5.

设 $a_1a_2a_3a_4a_5$ 为 12345 的一个上波形排列，得 $a_2=5$ 或 $a_4=5$.

当 $a_2=5$ 时，$a_1\in\{1,2,3,4\}$，得 a_1 有 4 种取法. 当 a_1 确定后，a_4 为余下的三个数的最大值，得 a_4 有 1 种取法. 当 a_4 确定后，a_3 的取法有 2 种. 此时的上波形排列的个数为 $4\times2=8$.

同理可得，当 $a_4=5$ 时，上波形排列的个数也为 8.

所以 $A_5=16,C_5=2\times16=32$.

下面再求 C_6.

设 $a_1a_2a_3a_4a_5a_6$ 为 123456 的一个上波形排列，得 $a_2=6$ 或 $a_4=6$ 或 $a_6=6$.

当 $a_2=6$ 时，$a_1\in\{1,2,3,4,5\}$，得 a_1 有 5 种取法. a_3,a_4,a_5,a_6 是其余 4 个元素的上波形排列. 而直接验证可知 4 个元素的上波形排列有 5 种. 所以由乘法原理知，此时的上波形排列的个数为 $5\times5=25$.

当 $a_4=6$ 时，$a_1a_2a_3$ 是 3 个元素的上波形排列. a_1,a_2,a_3 的取

法有 $C_5^3 = 10$ 种,3 个元素的上波形排列有 2 个,所以此时的上波形排列的个数为 $10 \times 2 = 20$.

当 $a_6 = 6$ 时,$a_1 a_2 a_3 a_4 a_5$ 是 5 个元素的上波形排列. 前面已求得此时的上波形排列的个数为 $A_5 = 16$.

所以 $A_6 = 25 + 20 + 16 = 61$,$C_6 = 2A_6 = 122$.

同上还可求得以下递推关系:$C_n = 2A_n = A_n + B_n = \sum_{k=1}^{n} C_{n-1}^{k-1} A_{k-1} A_{n-k}$,其中规定 $A_0 = A_1 = 1$.

本题要求的就是 A_7,由以上求法或由递推关系均可得答案为 272.

Ⅸ. 如图 2 所示,设对角线 AC,BD 交于点 E.

由题设,可得 $\dfrac{BC}{BA} = \dfrac{CE}{EA}$,$\dfrac{BD}{BA} = \dfrac{CA}{EA} = \dfrac{DA}{AE}$.

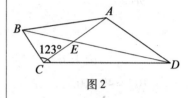

图 2

所以 $\triangle ABE \backsim \triangle DBA$,$\angle BAE = \angle BDA$.

可设 $\angle ACD = \angle ADC = \alpha$,$\angle BAE = \angle BDA = \beta$,得 $\angle BDC = \alpha - \beta$,$\angle BEC = 2\alpha - \beta$,$\angle ABE = 2\alpha - 2\beta$.

又设 $\alpha - \beta = \theta$,在 $\triangle BCD$ 中,可得
$$2\theta + \theta + 123° = 180°$$
$$\theta = 19°$$
$$\angle ABC = 4\theta = 76°$$

即 $\angle ABC$ 的度数是 $76°$.

Ⅹ. 2 003,2 004,2 005,2 006,2 007,2 008,2 009,2 010.

Ⅺ. (ⅰ) 可不妨设 $EF = 1$,得 $EB = BC = CD = DA = AB = \dfrac{1}{2}$.

设 $\angle ECF = \angle EFC = \angle CFD = \alpha$,得 $\angle E = \angle AFG = 180° - 2\alpha$.

在 $\triangle CEF$ 中,可得 $\cos \alpha = \dfrac{\dfrac{CF}{2}}{CB}$,$CF = 2\cos \alpha$.

在 $\triangle CDF$ 中,可得 $\sin \alpha = \dfrac{\dfrac{1}{2}}{2\cos \alpha}$,$\sin 2\alpha = \dfrac{1}{2}$,即 $\sin E = \dfrac{1}{2}$,$\angle E = 30°$,也即 $\angle CEF$ 的度数是 $30°$.

(ⅱ) 由(ⅰ)的解答:

在 $\triangle BEG$ 中,可得 $BG = \dfrac{1}{2\sqrt{3}}$,$AG = \dfrac{1}{2} - \dfrac{1}{2\sqrt{3}}$.

在 $\triangle AFG$ 中,可得 $FG = 1 - \dfrac{1}{\sqrt{3}}$,$AF = \dfrac{\sqrt{3}-1}{2}$.

所以 $(AG + FG)(AF + FG) = \dfrac{3-\sqrt{3}}{2} \times \dfrac{3+\sqrt{3}}{6} = \dfrac{1}{2}$.

日本第8届初级广中杯决赛试题
参考答案(2011年)

Ⅰ.(ⅰ)当 $M=2$ 时,可得
$\overline{1}=10,\overline{2}=20,\cdots,\overline{9}=90;\overline{10}=1,\overline{20}=2,\cdots,\overline{90}=9;\overline{ab}=\overline{ba}$ ($ab\neq 0$)
所以
$$A=1+2+3+4+\cdots+99=\frac{99(1+99)}{2}=4\ 950$$

(ⅱ)因为 B 中的每一项都是 A 中的对应项的 10 倍,所以 $B=10A=49\ 500$.

(ⅲ) $C=B+\overline{100}+\overline{101}+\overline{102}+\cdots+\overline{500}=248\ 505$.

(ⅳ) $249\ 998\ 500\ 005$.

Ⅱ.(ⅰ)①$195(=13\times 15),715(=13\times 55)$ 等共 19 个答案(填入一个即可).

②$195\ 195=7\times 11\times 13\times 13\times 15$ 等(填入一个即可).

(ⅱ)先排 8,9,10,有 4 种排法 8,10,9;9,10,8;8,9,10;10,9,8. 把它们捆绑起来作为一个元素,记作"a".

接下来,两个 7 一定在"a"的两侧——7,a,7,把它们捆绑起来作为一个元素,记作"b".

两个 3 一定在"b"的两侧——3,b,3,再排 1,2,得 4 种排法
  1,2,3,b,3;3,b,3,2,1;1,3,b,3,2;2,3,b,3,1

对于每一种情形,再把 4,5,6 插进去:

若 4,5,6 一起插,只能插在 b 的左边(形成 4,5,6,b),或插在 b 的右边(形成 b,6,5,4),共两种插法.

若分开插:左1右2,得3种插法(形成 4,b,6,5 或 5,b,6,4 或 6,b,5,4);左2右1,也得3种插法.

所以所求答案为 $4\times 4\times(2+6)=128$.

(ⅲ)51.

(ⅳ)2 007.

(ⅴ)(a)3 种.

(b)29 种.

(c)1 026 种.

Ⅲ.解法1 如图 1 所示,延长 MN,BA 交于点 D. 设 AC 的中

点是点 E, 联结 EM.

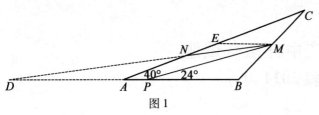

图 1

由 $CE = EN + NA$, $CE + EN = 2NA$ 可得 $CE:EN:NA = 3:1:2$, 所以 $AN = 2NE$.

又 $AD // ME$, 所以 $DA = 2EM$.

再由三角形中位线定理, 得 $AB = 2EM$.

所以 $DA = AB = PM - AP$ (用已知 $AB + AP = PM$), $DA + AP = PM$, $PD = PM$.

再由 $\angle BPM = 24°$, 得 $\angle D = \angle PMD = 12°$.

所以 $\angle MNC = \angle DNA = \angle NAB - \angle D = 40° - 12° = 28°$, 即 $\angle MNC$ 的度数是 $28°$.

解法 2 如图 2 所示, 在线段 PM 上截取 $PR = PA$ (再由 $\angle BPM = 24°$, 可得 $\angle PAR = \angle PRA = 12°$).

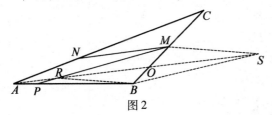

图 2

由 $AB + AP = PM$, 得 $AB = PM - AP = PM - PR = RM$.

延长 AR 至 S, 使得 $BA = BS$, 得 $\angle BSA = \angle BAS = \angle PRA = \angle MRS = 12°$, 所以 $BS \underline{\underline{\,}} RM$, 得四边形 $BSMR$ 是平行四边形.

设线段 RS 与 BM 交于点 O, 可得 $\dfrac{CN}{NA} = 2 = \dfrac{CM}{MO}$, 所以 $NM // AR$, $\angle MNC = \angle RAC = \angle CAP - \angle RAP = 40° - 12° = 28°$, 即 $\angle MNC$ 的度数是 $28°$.

日本第12届广中杯预赛试题
参考答案(2011年)

I.(i)若 $A+B=12$,则 $AB=A(12-A)=36-(A-6)^2\leq 36<48$. 所以说谎话的是小梅或小松.

若说谎话的是小梅,得
$$\begin{cases} A+B\neq 12 \\ AB=48 \\ A\leq 2B \\ A>6,B<6 \end{cases}$$

由 A 与 B 都是整数且 $AB=48$;$A>6,B<6$,得 B 是正整数,且 $(B,A)=(1,48),(2,24),(3,16)$ 或 $(4,12)$,但均与 $A\leq 2B$ 矛盾!

所以说谎话的只可能是小松.

此时,得
$$\begin{cases} A+B=12 \\ AB\neq 48 \\ A\leq 2B \\ A>6,B<6 \end{cases}$$

由 $A+B=12,A\leq 2B$,得 $B\geq 4$. 又 $B<6$,所以整数 $B=4$ 或 5.

进而可得 $(A,B)=(7,5)$ 或 $(8,4)$,即此时小松说谎话,其余三人均说实话.

总之,说谎话的是小松.

(ii)同第8届初级广中杯预赛试题V答案.

(iii)先介绍一个结论:

若正整数 $c\geq 2$,则可设 $c=p_1^{\alpha_1}p_2^{\alpha_2}\cdots p_k^{\alpha_k}$($p_1,p_2,\cdots,p_k$是两两互异的质数;$\alpha_1,\alpha_2,\cdots,\alpha_k\in \mathbf{N}^*$). 由多项式的乘法法则"用一个多项式的每一项去乘以另一个多项式的每一项,再把所得的积相加",可得正整数 c 的所有正约数的和为

$$(1+p_1+p_1^2+\cdots+p_1^{\alpha_1})(1+p_2+p_2^2+\cdots+p_2^{\alpha_2})\cdots\cdot$$
$$(1+p_k+p_k^2+\cdots+p_k^{\alpha_k})$$

$$=\frac{p_1^{\alpha_1+1}-1}{p_1-1}\cdot\frac{p_2^{\alpha_2+1}-1}{p_2-1}\cdot\cdots\cdot\frac{p_k^{\alpha_k+1}-1}{p_k-1}$$

下面用此结论解答本题：

因为 2 011 是质数，所以可设 $A = p^{\alpha}\cdots q^{\beta}, B = 2\,011 p^{\alpha}\cdots q^{\beta}$（$p, q, 2\,011$ 是两两互异的质数，$\alpha, \beta \in \mathbf{N}^*$）.

由以上结论,可得

$$\frac{b}{a} = \frac{\dfrac{2\,011^2-1}{2\,011-1} \cdot \dfrac{p_1^{\alpha_1+1}-1}{p_1-1} \cdot \cdots \cdot \dfrac{p_k^{\alpha_k+1}-1}{p_k-1}}{\dfrac{p_1^{\alpha_1+1}-1}{p_1-1} \cdot \cdots \cdot \dfrac{p_k^{\alpha_k+1}-1}{p_k-1}} = 2\,012$$

(iv)①

$$\left[\sqrt{\left[\sqrt{\left[\sqrt{\left[\sqrt{1\times 2}\right]\times 3}\right]\times 4}\right]\times 5}\right] = \left[\sqrt{\left[\sqrt{\left[\sqrt{1\times 3}\right]\times 4}\right]\times 5}\right]$$
$$= \left[\sqrt{\left[\sqrt{1\times 4}\right]\times 5}\right]$$
$$= \left[\sqrt{2\times 5}\right] = 3$$

② 下面用数学归纳法证明

$$\left[\sqrt{\left[\sqrt{\left[\sqrt{\left[\sqrt{1\times 2}\right]\times 3}\right]\times 4}\right]\times \cdots}\right]\times n\right] = n-2 \quad (n\geq 3, n\in\mathbf{N})$$

当 $n=3$ 时成立：$\left[\sqrt{\left[\sqrt{1\times 2}\right]\times 3}\right] = \left[\sqrt{1\times 3}\right] = 1 = 3-2$.

假设 $n=k(k\geq 3)$ 时成立

$$\left[\sqrt{\left[\sqrt{\left[\sqrt{\left[\sqrt{1\times 2}\right]\times 3}\right]\times 4}\right]\times \cdots}\right]\times k\right] = k-2$$

欲证 $n=k+1$ 时成立,即证

$$\left[\sqrt{(k-2)(k+1)}\right] = k-1$$
$$(k-1)^2 \leq (k-2)(k+1) < k^2$$

这用分析法易证. 所以 $n=k+1$ 时成立.

得欲证结论成立.

由此得答案为 2 009.

(v) 出题方所给的答案是 25. 但笔者认为此题缺少条件,由图 1 可知 CP 的长度不是定值.

Ⅱ. (i) ①10.

②90.

(ii) 2, 3, 6.

(iii) 如图 2 所示.

在 $\triangle APQ$ 和 $\triangle ACQ$ 中,由正弦定理,可得

$$\frac{AP}{\sin\angle AQP} = \frac{8k}{\sin 90°}$$

$$\frac{AC}{\sin(180°-\angle AQP)} = \frac{7k}{\sin 30°}$$

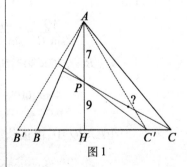

图 1

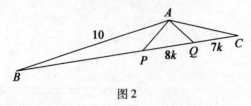

图 2

把这两式相除,得 $\dfrac{AP}{AC} = \dfrac{4}{7}$. 所以可设 $AP = 4l, AC = 7l$.

在 $\triangle APC$ 中,由余弦定理可得 $l = 5\sqrt{\dfrac{3}{31}}k$,所以 $AP = 20\sqrt{\dfrac{3}{31}}k$,

$AC = 35\sqrt{\dfrac{3}{31}}k$.

得 $\cos\angle APQ = \dfrac{AP}{PQ} = \dfrac{5}{2}\sqrt{\dfrac{3}{31}}$,$\sin\angle APQ = \dfrac{7}{2\sqrt{31}}$.

所以 $\sin B = \sin(\angle APQ - 30°) = \dfrac{1}{2}\sqrt{\dfrac{3}{31}}$.

在 $\triangle ABP$ 中,由正弦定理,得 $\dfrac{AB}{\sin\angle APB} = \dfrac{AP}{\sin B}$,即 $\dfrac{10}{\dfrac{7}{2\sqrt{31}}} = $

$\dfrac{20\sqrt{\dfrac{3}{31}}k}{\dfrac{1}{2}\sqrt{\dfrac{3}{31}}}$,$k = \dfrac{\sqrt{31}}{14}$.

在 $\triangle APQ$ 中,可得 $AP = \dfrac{10}{7}\sqrt{3}$,$PQ = \dfrac{4}{7}\sqrt{31}$,再由勾股定理,得 $AQ = 2$.

即 AQ 的长度为 2.

(iii) 的**另解** 如图 2 所示. 在 $\triangle APQ$,$\triangle AQC$ 中,由正弦定理,可得

$$\dfrac{AQ}{\sin C} = \dfrac{7k}{\sin 30°}, \dfrac{AQ}{\sin(30° + B)} = \dfrac{8k}{\sin 90°}.$$

又 $\angle B + \angle C = 30°$,所以可得

$$4\sin(60° - C) = 7\sin C, \tan C = \dfrac{2}{9}\sqrt{3}.$$

在 $\triangle ABQ$ 中,由正弦定理,得 $\dfrac{AQ}{\sin B} = \dfrac{10}{\sin(30° + C)}$,即

$$AQ = \dfrac{10\sin(30° - C)}{\sin(30° + C)} = \dfrac{10\cos C - 10\sqrt{3}\sin C}{\cos C + \sqrt{3}\sin C}$$

$$= \dfrac{10 - 10\sqrt{3}\tan C}{1 + \sqrt{3}\tan C} = 2.$$

(iv) ① 20 160.

② 20 160.

③ 247.

Ⅲ. 4:3.

日本第12届广中杯决赛试题参考答案(2011年)

Ⅰ.(ⅰ)511.

(ⅱ)同第8届初级广中杯决赛试题Ⅱ(ⅳ)答案.

(ⅲ)9 841.

(ⅳ)228.

Ⅱ.同第8届初级广中杯决赛试题Ⅰ答案.

Ⅲ.若两个方程 $4\,620x^2 - 1\,501x - 238 = 0, 9\,240x^2 - 307x - 1\,666 = 0$ 有公共根 α,得

$$9\,240\alpha^2 - 3\,002\alpha - 476 = 0, 9\,240\alpha^2 - 307\alpha - 1\,666 = 0$$

把这两个等式相减后,可得 $\alpha = \dfrac{34}{77}$.

即若这两个方程有公共根,则公共根只可能是 $\dfrac{34}{77}$.

再由韦达定理可得:方程 $4\,620x^2 - 1\,501x - 238 = 0$ 有两个根,且这两个根就是 $\dfrac{34}{77}$ 和 $-\dfrac{7}{60}$;方程 $4\,620x^2 - 1\,501x - 238 = 0$ 有两个根,且这两个根就是 $\dfrac{34}{77}$ 和 $-\dfrac{49}{120}$.

所以满足 $(4\,620x^2 - 1\,501x - 238)(9\,240x^2 - 307x - 1\,666) = 0$ 的实数 x 有 3 个:$\dfrac{34}{77}, -\dfrac{7}{60}, -\dfrac{49}{120}$.

Ⅳ.如图1所示,由"平行四边形各边的平方和等于两条对角线的平方和",可求得 $AB = 4\sqrt{15}$.

可求得 $\cos\angle BAM = \dfrac{\sqrt{15}}{5}, \cos 2\angle BAM = \dfrac{1}{5}$.

还可求得 $\cos\angle CAM = \dfrac{1}{5}$.

所以 $\cos\angle CAM = \cos 2\angle BAM, \angle CAM = 2\angle BAM$,即 $\angle BAM$ 与 $\angle CAM$ 的度数之比为 $1:2$.

Ⅴ.22.

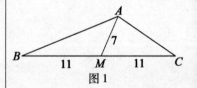

图1

日本第9届初级广中杯预赛试题参考答案(2012年)

Ⅰ. A. 可得 $\frac{2\ 011}{4}s^2\cot\frac{180°}{2\ 011}=2\ 011, \frac{s^2}{4}=\tan\frac{180°}{2\ 011}$.

还可得 $\frac{2\ 012}{4}t^2\cot\frac{180°}{2\ 012}=2\ 012, \frac{t^2}{4}=\tan\frac{180°}{2\ 012}$.

进而可得 $s>t$,所以选 A.

Ⅱ. $123=3\times41$.

满足题设的四位数的各位数字之和是 $1+2+3+4=10$,它不是 3 的倍数,所以四位数不满足题意.

最小的五位数的各位数字之和一定是 12,且其数位上的五个数字分别是 1,2,3,4,2.

对从小到大的五位数逐一验证:

12 234,12 243,12 324,12 342 均不能被 123 整除,而 12 423 = 123×101,所以所求答案是 12 423.

Ⅲ. 如图 1 所示,设 $BQ=x(0<x<3)$,得 $CQ=3-x$.

由余弦定理,可求得 $PB=\sqrt{7}, PQ=\sqrt{x^2-4x+7}$.

在 $\triangle BPQ$ 中,再由余弦定理,可求得 $x=\frac{7}{3}$(舍去 10).

即线段 BQ 的长度是 $\frac{7}{3}$.

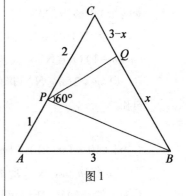

图1

Ⅳ. 由 $\frac{b}{167}<\frac{20}{b}$,可得 $b\leq57$. 由 $\frac{6}{c}<\frac{c}{50}$,可得 $c\geq18$. 由 $\frac{b}{167}<\frac{6}{c}$,可得 $bc\leq1\ 001$;由 $\frac{20}{b}<\frac{c}{50}$,可得 $bc\geq1\ 001$. 所以 $bc=1\ 001=7\times11\times13$.

由 $bc=1\ 001$,还可得

$$\frac{6}{c}<\frac{20}{b}\Leftrightarrow b<\frac{10}{3}c\Leftrightarrow\begin{cases}c\geq18\\b\leq57\end{cases}$$

所以题设即正整数 a,b,c 满足 $\begin{cases}b\leq57,c\geq18,bc=7\times11\times13\\a>\frac{167}{b},a>\frac{c}{50}\end{cases}$.

由正整数 b,c 满足 $b\leq57,c\geq18,bc=7\times11\times13$,可得 $(b,c)=(1,1001),(7,143),(11,91)$ 或 $(13,77)$.

再由 $a > \dfrac{167}{b}, a > \dfrac{c}{50}$,可得:

当 $(b,c) = (1,1\,001)$ 时,$a \geq 168$.

当 $(b,c) = (7,143)$ 时,$a \geq 24$.

当 $(b,c) = (11,91)$ 时,$a \geq 16$.

当 $(b,c) = (13,77)$ 时,$a \geq 13$.

所以符合题意的 a 的最小值是 13(当且仅当 $(b,c) = (13,77)$ 时,a 取到最小值).

V.(i) $2^k (k \in \mathbf{N})$ 形的数均不能表示成若干个连续的(至少两个)正整数的和.

否则,可设
$$2^k = (n+1) + (n+2) + (n+3) + \cdots + (n+m) \quad (m \geq 2; k,m,n \in \mathbf{N})$$
得
$$2^{k+1} = m(m+2n+1) \quad (m \geq 2; k,m,n \in \mathbf{N})$$

由 $m + (m+2n+1) = 2(m+n) + 1$ 是奇数知,m 与 $m+2n+1$ 一奇一偶,所以奇数为 1、偶数为 2^{k+1},得 m 与 $m+2n+1$ 中有一个数为 1.

但 $m \geq 2, m+2n+1 \geq 3$,即假设不成立!所以结论(i)成立.

(ii) 不是 $2^k (k \in \mathbf{N})$ 形的正整数均能表示成若干个连续的(至少两个)正整数的和.

① 大于 1 的奇数均可表示成 2 个连续正整数的和:$2n+1 = n + (n+1) (n \in \mathbf{N}^*)$.

② $4n+2 (n \in \mathbf{N}^*)$ 形的数均可表示成 3 个或 4 个连续正整数的和
$$6 = 1 + 2 + 3$$
$$4m + 10 = (m+1) + (m+2) + (m+3) + (m+4) \quad (m \in \mathbf{N})$$

③ 若 $4n (n \in \mathbf{N}^*)$ 形的数不是 $2^k (k \in \mathbf{N})$ 形的正整数,则它有大于 1 的奇约数,所以可设 $4n = 4ab (a \geq 3; a,b \in \mathbf{N}^*)$.

当 $a \leq 8b - 1$ 时,$4n$ 可以表示成 a 个连续正整数的和
$$4n = 4ab = \dfrac{8b-a+1}{2} + \left(\dfrac{8b-a+1}{2} + 1\right) +$$
$$\left(\dfrac{8b-a+1}{2} + 2\right) + \cdots + \left(\dfrac{8b-a+1}{2} + a - 1\right)$$

当 $a > 8b - 1$ 即 $a \geq 8b + 1$ 时,$4n$ 可以表示成 $8b$ 个连续正整数的和
$$4n = 4ab = \dfrac{a-8b+1}{2} + \left(\dfrac{a-8b+1}{2} + 1\right) +$$

$$\left(\frac{a-8b+1}{2}+2\right)+\cdots+\left(\frac{a-8b+1}{2}+8b-1\right)$$

所以结论(ii)成立.

(iii) 因为 $2^{10} = 1\,024, 2^{11} = 2\,048$, 所以在 $2^k (k \in \mathbf{N})$ 形的数中最接近 $2\,012$ 的是 $2\,048$.

再由结论(i), (ii)知, 本题的答案是 $2\,048$.

Ⅵ. 解法 1 设 A 的爸爸的银行存款经过 $n(n \in \mathbf{N})$ 天后变成了 x_n 元, 得 $x_0 = 10\,000, x_n \geq x_{n+1} (x_n \in \mathbf{N}^*, n \in \mathbf{N})$.

当 A 的爸爸的银行存款 $x \geq 10$ (元)时, 每天实际征收的税金多于 $15\%x - 1$ (元), 存款余额少于 $85\%x + 1 \left(\leq \frac{19}{20}x\right)$ (元), 即每天剩下的钱少于昨天的 $\frac{19}{20}$.

由二项式定理, 得
$$10 \times 19^{171} = C_{171}^0 19^{171} + C_{171}^1 19^{170} < (19+1)^{171}$$

所以
$$\left(\frac{19}{20}\right)^{171} < \frac{1}{10}$$
$$10\,000 \left(\frac{19}{20}\right)^{513} < 10$$

即 A 的爸爸的 $10\,000$ 元存款经过 $x_k (k = 1, 2, 3, \cdots, 513)$ 天后会少于 10 元, 也即不多于 9 元; 且经过 $x_{k-1} (k = 1, 2, 3, \cdots, 513)$ 天后不少于 10 元.

因为 $85\% \times 10 = 8.5$, 所以当 A 的爸爸的银行存款经过 x_{k-1} 天后不少于 10 元时, 再经过 1 天即经过 x_k 天后会不少于 9 元.

所以经过 x_k 天后, A 的爸爸的存款就是 9 元.

9 元再经过 1 天后变成 8 元, 又经过 1 天后变成 7 元, 还经过 1 天后变成 6 元, $\cdots$ 而后一直是 6 元.

所以过了 $10\,000$ 天后, A 的爸爸的存款会变成 6 元.

解法 2 设 A 的爸爸的银行存款经过 $n(n \in \mathbf{N})$ 天后变成了 x_n 元, 得 $x_0 = 10\,000, x_n \geq x_{n+1} (x_n \in \mathbf{N}^*, n \in \mathbf{N})$.

因为 $7 \times 15 > 1$, 所以当 A 的爸爸的银行存款不少于 7 (元)时, 每天实际征收的税金至少是 1 元.

即 A 的爸爸的 $10\,000$ 元存款经过 $x_k (k = 1, 2, 3, \cdots, 9\,994)$ 天后会不多于 6 元; 且经过 $x_{k-1} (k = 1, 2, 3, \cdots, 9\,994)$ 天后不少于 7 元.

因为 $85\% \times 7 = 5.95$, 所以当 A 的爸爸的银行存款经过 x_{k-1} 天后不少于 7 元时, 再经过 1 天即经过 x_k 天后会不少于 6 元.

所以经过 x_k 天后，A 的爸爸的存款就是 6 元.

进而可得，过了一万天后，A 的爸爸的存款会变成 6 元.

Ⅶ．先将所给的数的各个数字之间添加几条竖线进行分组（要求分组后每组表示的正整数首位数字不能是 0），得最多应添加 8 条竖线

$$20\,|\,1\,|\,20\,|\,1\,|\,20\,|\,1\,|\,20\,|\,1\,|\,2$$

满足题设的情形即以上分割方法，即从这 8 条竖线中选 1, 2, 3, …或 8 条即可，所以所求答案是 $C_8^1 + C_8^2 + C_8^3 + \cdots + C_8^8 = 2^8 - 1 = 255$.

Ⅷ．(i) 每位数字都是奇数的一位数之和是 $1 + 3 + 5 + 7 + 9 = 25$.

(ii) 设每位数字都是奇数的两位数之和是 A.

每位数字都是奇数的两位数有 $5^2 = 25$ 个（因为个位、十位均可取 1, 3, 5, 7, 9）.

这样的两位数有 $\overline{ab}$（$a, b \in \{1, 3, 5, 7, 9\}$）时，必有 $\overline{10-a, 10-b}$，把它们配对后，求得和是 110.

所以 $2A = 110 \times 25$，$A = 1\,375$.

(iii) 设每位数字都是奇数的三位数之和是 B.

每位数字都是奇数的三位数有 $5^3 = 125$ 个.

这样的三位数有 $\overline{abc}$（$a, b, c \in \{1, 3, 5, 7, 9\}$）时，必有 $\overline{10-a, 10-b, 10-c}$，把它们配对后，求得和是 1 110.

所以 $2A = 1\,110 \times 125$，$A = 69\,375$.

所以所求答案是 $25 + 1\,375 + 69\,375 = 70\,775$.

Ⅸ．17.

Ⅹ．$a, b, c, d, e, f, g, h, i$ 的值分别是 105, 90, 84, 80, 72, 60, 42, 40, 36.

Ⅺ．**解法 1** 如图 2 所示，作 $\angle PAQ$ 的角平分线交线段 PQ 于点 E，得 AE 也是 $\angle BAC$ 的角平分线.

所以由角平分线的性质，可得 $BE = \dfrac{5}{9}BC$，$CE = \dfrac{4}{9}BC$.

又 $BP = \dfrac{3}{9}BC$，所以 $EP = \dfrac{2}{9}BC$.

可得 $\dfrac{BP}{\sin \angle BAP} = \dfrac{AP}{\sin B}$，$\dfrac{CQ}{\sin \angle CAQ} = \dfrac{AQ}{\sin C}$.

把它们相除，得

$$\dfrac{BP}{CQ} = \dfrac{AP}{AQ} \cdot \dfrac{\sin C}{\sin B} = \dfrac{AP}{AQ} \cdot \dfrac{5}{4}$$

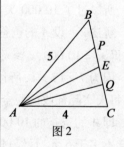

图 2

$$\frac{BP}{CQ} = \frac{EP}{EQ} \cdot \frac{5}{4}$$

$$\frac{\frac{3}{9}BC}{CQ} = \frac{\frac{2}{9}BC}{EQ} \cdot \frac{5}{4}$$

$$\frac{EQ}{CQ} = \frac{5}{6}$$

$$EQ = \frac{5}{11}EC = \frac{5}{11} \times \frac{4}{9}BC = \frac{20}{99}BC$$

$$\frac{AP}{AQ} = \frac{EP}{EQ} = \frac{\frac{2}{9}}{\frac{20}{99}} = \frac{11}{10}$$

解法 2 如图 3 所示,过点 B 作 $BF \parallel AC$ 交线段 AP 的延长线于点 F,再过点 C 作 $CG \parallel AB$ 交线段 AQ 的延长线于点 G.

可得 $2 = \frac{CP}{PB} = \frac{AC}{BF} = \frac{AP}{PF}$,所以 $BF = 2$,可设 $FP = a, PA = 2a, AF = 3a$.

由 $\angle BAP = \angle CAQ, \angle ABF = \angle ACG$,得 $\triangle ABF \backsim \triangle ACG$.

所以 $\frac{BF}{CG} = \frac{AF}{AG} = \frac{AB}{AC} = \frac{5}{4}, CG = \frac{8}{5}$.

还可得 $\frac{AQ}{QG} = \frac{BQ}{QC} = \frac{AB}{CG} = \frac{25}{8}$,所以可设 $AQ = 25b, QG = 8b, AG = 33b$.

再由 $\frac{AF}{AG} = \frac{3a}{33b} = \frac{5}{4}$ 知, $\frac{a}{b} = \frac{55}{4}$.

所以 $\frac{AP}{AQ} = \frac{2a}{25b} = \frac{2}{25} \times \frac{55}{4} = \frac{11}{10}$,即线段 AP 与 AQ 的长度之比为 $11:10$.

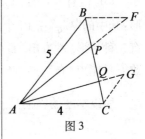

图 3

日本第9届初级广中杯决赛试题参考答案(2012年)

Ⅰ.(i)24.

(ii)45.

(iii)60.

Ⅱ.(i)7.

(ii)恰有$i(i=1,2,3,\cdots,9)$个人获胜的情形有$C_{10}^i \cdot 3$种情形:其中的"C_{10}^i"指10个人中i个人胜$9-i$个人败,"3"指"胜败"有三种情形(胜方出"石头",败方只能出"剪子";胜方出"剪子",败方只能出"布";胜方出"布",败方只能出"石头").

所以本题的答案是$\dfrac{3C_{10}^1}{3C_{10}^1+3C_{10}^2+3C_{10}^3+\cdots+3C_{10}^9}=\dfrac{3\times 10}{3(2^{10}-2)}=\dfrac{5}{511}$.

(iii)$P=\dfrac{4\,024!}{2\,011!}$.

先给出记号:用$m(x)$表示自然数x的个位数,显然$m(xy)=m(m(x)\cdot m(y))$.

再给出两个基本事实:

个位数是6的若干个正整数之积的个位数也是6;

$m(10k+1)(10k+2)(10k+3)(10k+4)(10k+6)(10k+7)(10k+8)(10k+9)=6(k\in\mathbf{N})$.

(1)证明$m\left(\dfrac{P}{5^{502}}\right)=6$.

注 用数论中的常用结论勒让德(Legendre, Adrien-Marie, 1752-1833)定理"若$n\in\mathbf{N}^*$,则$n!$的分解质因数的式子中质数p的指数是$\sum\limits_{i=1}^{\infty}\left[\dfrac{n}{p^i}\right]$(这里$[x]$表示不超过$x$的最大整数;请注意,该式实质是有限项的和,因为当$i$足够大时,均有$\left[\dfrac{n}{p^i}\right]=0$)可求出$4\,024!,2\,011!$分解质因数的结果中5的指数分别是

$$804+160+32+6+1, 402+80+16+3$$

所以$P=\dfrac{4\,024!}{2\,011!}$分解质因数的结果中5的指数是502.

实际上,在下面的证明中也已证明了 P 分解质因数的结果中 5 的指数是 502.

这说明了 $\frac{P}{5^{502}} \in \mathbf{N}^*$, 即 $m\left(\frac{P}{5^{502}}\right)$ 是有意义的.

证明如下.

①设从 2 012 到 4 024 中不是 5 的倍数的所有整数的乘积是 a, 可得

$$m(a) = m(2 \times 3 \times 4 \times 6 \times 7 \times 8 \times 9) \times$$
$$(1 \times 2 \times 3 \times 4 \times 6 \times 7 \times 8 \times 9) \cdots$$
$$(1 \times 2 \times 3 \times 4 \times 6 \times 7 \times 8 \times 9)(1 \times 2 \times 3 \times 4)$$
$$= m(6 \times 6 \times \cdots \times 6 \times 4) = 4$$

设从 2 012 到 4 024 中是 5 的倍数的所有整数的乘积是 b, 得

$$\frac{b}{5^{502}} = \frac{5^{402} \times 403 \times 404 \times 405 \times \cdots \times 804}{5^{502}} = \frac{403 \times 404 \times 405 \times \cdots \times 804}{5^{100}}$$

又设 $A = \frac{403 \times 404 \times 405 \times \cdots \times 804}{5^{100}}$, 得

$$m\left(\frac{P}{5^{502}}\right) = m(aA) = m(4 \times m(A))$$

②设从 403 到 804 中不是 5 的倍数的所有整数的乘积是 c, 可得

$$m(c) = m(3 \times 4 \times 6 \times 7 \times 8 \times 9) \times$$
$$(1 \times 2 \times 3 \times 4 \times 6 \times 7 \times 8 \times 9) \cdots$$
$$(1 \times 2 \times 3 \times 4 \times 6 \times 7 \times 8 \times 9)(1 \times 2 \times 3 \times 4)$$
$$= m(8 \times 6 \times 6 \times \cdots \times 6 \times 4) = 2$$

设从 403 到 804 中是 5 的倍数的所有整数的乘积是 d, 得

$$\frac{d}{5^{100}} = \frac{5^{80} \times 81 \times 82 \times 83 \times \cdots \times 160}{5^{100}} = \frac{81 \times 82 \times 83 \times \cdots \times 160}{5^{20}}$$

又设 $B = \frac{81 \times 82 \times 83 \times \cdots \times 160}{5^{20}}$, 得

$$m\left(\frac{P}{5^{502}}\right) = m(4 \cdot m(A)) = m(4 \cdot 2 \cdot m(B)) = m(8 \cdot m(B))$$

③设从 81 到 160 中不是 5 的倍数的所有整数的乘积是 e, 可得

$$m(e) = m(1 \times 2 \times 3 \times 4 \times 6 \times 7 \times 8 \times 9) \times$$
$$(1 \times 2 \times 3 \times 4 \times 6 \times 7 \times 8 \times 9) \cdots$$
$$(1 \times 2 \times 3 \times 4 \times 6 \times 7 \times 8 \times 9)$$
$$= m(6 \times 6 \times \cdots \times 6) = 6$$

设从 81 到 160 中是 5 的倍数的所有整数的乘积是 f, 得

$$\frac{f}{5^{20}} = \frac{5^{16} \times 17 \times 18 \times 19 \times \cdots \times 32}{5^{20}} = \frac{17 \times 18 \times 19 \times \cdots \times 32}{5^4}$$

又设 $C = \dfrac{17 \times 18 \times 19 \times \cdots \times 32}{5^4}$,得

$$m\left(\frac{P}{5^{502}}\right) = m(8 \cdot m(B)) = m(8 \times 6 \cdot m(C)) = m(8 \cdot m(C))$$

④设从 17 到 32 中不是 5 的倍数的所有整数的乘积是 g,可得

$$m(g) = m(7 \times 8 \times 9)(1 \times 2 \times 3 \times 4 \times 6 \times 7 \times 8 \times 9) \cdots$$
$$(1 \times 2 \times 3 \times 4 \times 6 \times 7 \times 8 \times 9)(1 \times 2)$$
$$= m(4 \times 6 \times 6 \times \cdots \times 6 \times 2) = 8$$

设从 17 到 32 中是 5 的倍数的所有整数的乘积是 h,得

$$\frac{h}{5^4} = \frac{5^3 \times 4 \times 5 \times 6}{5^4} = 24$$

所以

$$m(C) = m\left(g \cdot \frac{h}{5^4}\right) = m(8 \times 24) = 2$$

$$m\left(\frac{P}{5^{502}}\right) = m(8 \times m(C)) = m(8 \times 2) = 6$$

(2) 证明 $k = 502$.

因为在(1)中已证得 P 分解质因数的结果中 5 的指数是 502,所以只须证明 $2^{503} \mid P$.

这是显然的,因为从 2 012 到 4 024 的所有整数中偶数为 1 007 个,由此可得 $2^{1\,007} \mid P$.

(3) 证明答案为 4.

即证 $10 \left| \dfrac{P}{10^{502}} - 4 \right.$,也即证 $2^{503} \cdot 5^{503} \mid P - 2^{504} \times 5^{502}$.

在(2)中已证得 $2^{503} \mid P$,所以 $2^{503} \mid P - 2^{504} \times 5^{502}$.

接下来只需证明 $5^{503} \mid P - 2^{504} \times 5^{502}$,即 $5 \left| \dfrac{P}{5^{502}} - 2^{504} \right.$.

因为 $m(2^{504}) = m((2^4)^{251}) = m(16^{251}) = 6$,所以再由(1)的结论,得

$$m\left(\frac{P}{5^{502}} - 2^{504}\right) = 0, 10 \left| \frac{P}{5^{502}} - 2^{504}, 5 \right| \frac{P}{5^{502}} - 2^{504}$$

综上所述,所求答案为 4.

(iv) 因为 $1\,296 = 2^4 \times 3^4, 6 = 2 \times 3$,所以

$$a = 2^{\alpha_1} \times 3^{\beta_1}, b = 2^{\alpha_2} \times 3^{\beta_2}, c = 2^{\alpha_3} \times 3^{\beta_3}, d = 2^{\alpha_4} \times 3^{\beta_4}$$
$$(\alpha_i, \beta_i \in \mathbf{N}; i = 1, 2, 3, 4)$$

且

$$\min\{\alpha_1,\alpha_2,\alpha_3,\alpha_4\}=1, \max\{\alpha_1,\alpha_2,\alpha_3,\alpha_4\}=4$$
$$\min\{\beta_1,\beta_2,\beta_3,\beta_4\}=1, \max\{\beta_1,\beta_2,\beta_3,\beta_4\}=4$$

先看有序数组$(\alpha_1,\alpha_2,\alpha_3,\alpha_4)$的取法有多少种?

①当该数组中恰有 1 个 1 时:若该数组中恰有 1 个 4,得$C_4^1 C_3^1 \cdot 2 \cdot 2 = 48$ 种取法(从 $\alpha_1,\alpha_2,\alpha_3,\alpha_4$ 中任选一个为 1 有 C_4^1 种取法;再从剩下的 3 个中任选一个为 4 有 C_3^1 种取法;剩下的两个均可在 2,3 中随意选,各有 2 种取法);若该数组中恰有 2 个 4,得 $C_4^1 C_3^2 \cdot 2 = 24$ 种取法;若该数组中恰有 3 个 4,得 $C_4^1 C_3^3 = 4$ 种取法. 此时得 $48 + 24 + 4 = 76$ 种取法.

②当该数组中恰有 2 个 1 时:若该数组中恰有 1 个 4,得 $C_4^2 C_2^1 \cdot 2 = 24$ 种取法;若该数组中恰有 2 个 4,得 $C_4^2 C_2^2 = 6$ 种取法. 此时得 $24 + 6 = 30$ 种取法.

③当该数组中恰有 3 个 1 时(另一个人为 4),得 $C_4^3 C_1^1 = 4$ 种取法.

所以有序数组 $(\alpha_1,\alpha_2,\alpha_3,\alpha_4)$ 的取法有 $76+30+4=110$ 种.

同理,有序数组 $(\beta_1,\beta_2,\beta_3,\beta_4)$ 的取法有 110 种.

所以本题的答案是 $110 \times 110 = 12\ 100$.

(v) 设 $N = \overline{49xyz3} = \overline{a0b} \cdot \overline{c0d} (b \leqslant d)$,得以下两种情形.

①$b=1, d=3$. 此时,得
$$490\ 000 + 1\ 000x + 100y + 10z + 3 = (100a+1)(100c+3)$$
$$100(ac-49) = 10x + y - 3a - c$$

由 $10x+y-3a-c < 10x+y \leqslant 99$,得 $100(ac-49) < 99$,所以 $ac=49, a=c=7$.

再得 $10x+y=3a+c=28, 10(x-2)=8-y$.

由 $10(x-2)=8-y<10$,可得 $x=2, y=8$.

此时,得 $N = 492\ 803 = 701 \times 703$.

②$b=7, d=9$. 此时,得
$$490\ 000 + 1\ 000x + 100y + 10z + 3 = (100a+7)(100c+9)$$
$$1\ 000(ac-49) = 10(10x+y-9a-7c) + (z-6)$$

由 $10 \mid z-6$,得 $z=6$,所以
$$100(ac-49) = 10x + y - 9a - 7c$$

由 $0 \leqslant 10x+y \leqslant 99, 16 \leqslant 9a+7c \leqslant 144$,得 $-144 \leqslant 100(ac-49) \leqslant 83$,所以 $ac=49$ 或 48.

若 $ac=49$,得 $a=c=7$,再得 $10x+y=9a+7c=112$,而 $10x+y \leqslant 99$,所以 $ac=48, 10x+y=9a+7c-100$,又得以下两种情形:

(a)$a=6, c=8$.

得 $10x+y=10, 10(1-x)=y, 10\mid y$,所以 $y=0, x=1$.

此时,得 $N=491\,063=607\times 809$.

(b) $a=8, c=6$.

得 $10x+y=14, 10(x-1)=4-y, 10\mid 4-y$,所以 $y=4, x=1$.

此时,得 $N=491\,463=807\times 609$.

综上所述,可得所求的所有 N 为 $492\,803, 491\,063$ 或 $491\,463$.

(vi) $2\,020\,049$.

Ⅲ. 如图1所示,对于每个等腰梯形,分别作出两条高后容易求解.

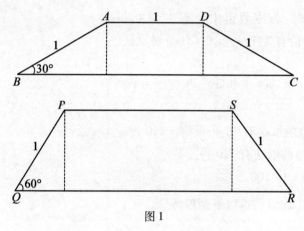

图1

对于等腰梯形 $ABCD$,可求得 $BC=1+\sqrt{3}$,高为 $\dfrac{1}{2}$,所以

$$S_1=\dfrac{1}{2}(2+\sqrt{3})\times\dfrac{1}{2}=\dfrac{2+\sqrt{3}}{4}$$

对于等腰梯形 $PQRS$,有 $QR=BC=1+\sqrt{3}$,可求得 $PS=\sqrt{3}$,高为 $\dfrac{\sqrt{3}}{2}$,所以

$$S_2=\dfrac{1}{2}(1+2\sqrt{3})\times\dfrac{\sqrt{3}}{2}=\dfrac{6+\sqrt{3}}{4}$$

得 $S_1-S_2=-1$.

日本第13届广中杯预赛试题
参考答案(2012年)

Ⅰ.(i)同第9届初级广中杯预赛试题Ⅰ答案.

(ii)得到的空间图形如图1所示,上面是圆锥,下面是圆柱挖去一个同样的圆锥后得到的图形.

所以得到的空间图形的体积是圆柱体的体积,即$\pi \cdot 2^2 \cdot 4 = 16\pi$.

(iii)如图2所示,可得$\triangle ABC \backsim \triangle ADE$,进而可求得$AE = \dfrac{5}{2}$, $BE = \dfrac{7}{2}$, $DE = 2$, $AD = 3$, $CD = 2$.

再由解三角形的知识可求得$PB = \dfrac{7}{3}\sqrt{2}$, $PC = \dfrac{2}{3}\sqrt{2}$, $PD = \dfrac{4}{3}\sqrt{2}$, $PE = \dfrac{7}{6}\sqrt{2}$,所以$PB : PC : PD : PE = 14 : 4 : 8 : 7$.

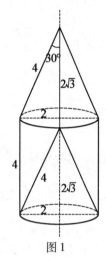

图1

(iv)同第9届初级广中杯预赛试题Ⅶ答案.

(v)如图3所示,建立平面直角坐标系xOy,可得$B(-6,0)$, $C(6,0)$, $A(0, 3\sqrt{21})$, $D\left(-\dfrac{18}{5}, \dfrac{6}{5}\sqrt{21}\right)$, $E\left(-\dfrac{18}{5}, 0\right)$, $F\left(\dfrac{126}{25}, \dfrac{12}{25}\sqrt{21}\right)$.

可得$\sin \angle GEC = \cos \angle ABC = \dfrac{2}{5}$, $\tan \angle GEC = \dfrac{2}{\sqrt{21}}$, $\cos \dfrac{\angle ABC}{2} = \sqrt{\dfrac{7}{10}}$.所以直线$EG$的方程是$y = \dfrac{2}{\sqrt{21}}\left(x + \dfrac{18}{5}\right)$.

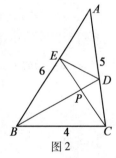

图2

由$\angle ADG = 3 \dfrac{\angle ABC}{2}$,可求得$\cos \angle ADG = -\dfrac{1}{5}\sqrt{\dfrac{7}{10}}$, $\cos \angle BDG = \dfrac{1}{5}\sqrt{\dfrac{7}{10}}$, $\sin \angle BDG = \dfrac{9}{5}\sqrt{\dfrac{3}{10}}$.

又$\cos \angle BDE = \dfrac{\sqrt{21}}{5}$, $\sin \angle BDE = \dfrac{2}{5}$,所以

$\cos \angle EDG = \cos(\angle BDG - \angle BDE)$

$= \dfrac{1}{5}\sqrt{\dfrac{7}{10}} \times \dfrac{\sqrt{21}}{5} + \dfrac{9}{5}\sqrt{\dfrac{3}{10}} \times \dfrac{2}{5} = \sqrt{\dfrac{3}{10}}$.

还可得$\sin \angle EDG = \sqrt{\dfrac{7}{10}}$, $\cos \angle DEG = \dfrac{2}{5}$, $\sin \angle DEG = \dfrac{\sqrt{21}}{5}$,

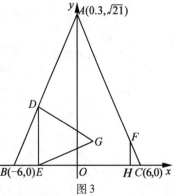

图3

所以
$$\cos G = -\cos(\angle EDG + \angle DEG)$$
$$= \sqrt{\frac{7}{10}} \times \frac{\sqrt{21}}{5} - \sqrt{\frac{3}{10}} \times \frac{2}{5} = \sqrt{\frac{3}{10}}$$

得 $\cos \angle EDG = \cos G, \angle EDG = \angle G, EG = ED = \frac{6}{5}\sqrt{21}$.

所以点 G 在以 $E\left(-\frac{18}{5}, 0\right)$ 为圆心,$\frac{6}{5}\sqrt{21}$ 为半径的圆

$\left(x + \frac{18}{5}\right)^2 + y^2 = \frac{756}{25}$ 上.

又点 G 在直线 $EG: y = \frac{2}{\sqrt{21}}\left(x + \frac{18}{5}\right)$ 上,所以可求得

$G\left(\frac{36}{25}, \frac{12}{25}\sqrt{21}\right)$(因为点 G 的横坐标大于点 E 的横坐标,所以应舍去点 G 的横坐标是 $-\frac{216}{25}$ 的情形).

又 $F\left(\frac{126}{25}, \frac{12}{25}\sqrt{21}\right)$,所以线段 FG 的长度是 $\frac{18}{5}$.

Ⅱ.(ⅰ)同第 9 届初级广中杯预赛试题Ⅵ答案.

(ⅱ)同第 9 届初级广中杯预赛试题Ⅸ答案.

(ⅲ) $(55,999),(999,55),(77,858)$.

(ⅳ)如图 4 所示,由题设可求得

$$\sin \angle BCD = \cos \angle BAD = \frac{7}{9}, \cos \angle BCD = \frac{4}{9}\sqrt{2}$$

$$BD = \frac{\sqrt{261 - 80\sqrt{2}}}{3}$$

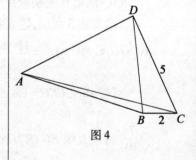

图 4

还可得

$$\cos \angle ABD = \frac{1}{3}, \sin \angle ABD = \frac{2}{3}\sqrt{2}$$

$$\cos \angle CBD = \frac{180 - 20\sqrt{2}}{3\sqrt{261 - 80\sqrt{2}}}, \sin \angle CBD = \frac{35}{3\sqrt{261 - 80\sqrt{2}}}$$

所以
$$\cos \angle ABC = \cos(\angle ABD + \angle CBD)$$
$$= \frac{1}{3} \times \frac{180 - 20\sqrt{2}}{3\sqrt{261 - 80\sqrt{2}}} - \frac{2}{3}\sqrt{2} \times \frac{35}{3\sqrt{261 - 80\sqrt{2}}}$$
$$= \frac{2 - 10\sqrt{2}}{\sqrt{261 - 80\sqrt{2}}}$$

再在 $\triangle ABC$ 中,由余弦定理可求得 $AC = \frac{3}{2}\sqrt{29}$,即线段 AC 的

长度是 $\frac{3}{2}\sqrt{29}$.

Ⅲ.(ⅰ)a,b,c,d,e,f,g,h,i 的值可以分别是 $105,90,84,80,72,60,42,40,36$.

(ⅱ)a,b,c,d,e,f,g,h,i 的值分别是 $105,90,84,80,72,60,42,40,36$.

日本第13届广中杯决赛试题参考答案(2012年)

Ⅰ. 同第9届初级广中杯决赛试题Ⅰ答案.

Ⅱ. (ⅰ) 2.

(ⅱ) 84.

(ⅲ) 5 096.

(ⅳ) 11 510 470.

Ⅲ. (ⅰ) 33.

(ⅱ) $3a_{50} = a_{48} + a_{49} + a_{50} + a_{50} = a_{48} + a_{50} + a_{51}$.

(ⅲ) $5a_{50} = (a_{46} + a_{47} + a_{49}) + (a_{48} + a_{49}) + a_{50} + a_{50} + a_{50}$

$= a_{46} + a_{49} + (a_{47} + a_{48}) + (a_{49} + a_{50}) + a_{50} + a_{50}$

$= a_{46} + a_{49} + (a_{49} + a_{50}) + a_{51} + a_{50}$

$= a_{46} + a_{49} + a_{51} + a_{52}$

$= a_{46} + a_{49} + a_{53}$

(ⅳ) 不能.

在 $\triangle ABC$ 中,$\angle B : \angle C = 1 : 2$,边 AB 的垂直平分线与直线 AC 的交点为 D,此时有 $BD < BC$.

在边 BC 上取点 P,使得 $CP = BD$. 记 $x = \angle APC$,$y = \angle ABC$,请用 y 的代数式来表示 x.

Ⅳ. 本题的图形包括图1的两种情形. 下面的解答对这两种情形均适合.

可得 $\angle APC = x$,$\angle ABC = y$,$\angle ACB = 2y$,$\angle BAP = x - y$,$\angle BAC = 180° - 3y$,$\angle PAC = 180° - x - 2y$.

又设 $CP = BD = a$.

在 $\triangle ACP$ 中,由正弦定理可求得 $AC = \dfrac{a\sin x}{\sin(x+2y)}$,$AP = \dfrac{a\sin 2y}{\sin(x+2y)}$.

在 $\triangle ABP$ 中,由正弦定理可求得 $AB = \dfrac{2a\sin x\cos y}{\sin(x+2y)}$.

在等腰 $\triangle ABD$ 中,可得 $AB = -2a\cos 3y$.

所以 $\sin x\cos y + \sin(x+2y)\cos 3y = 0$.

这就是 x,y 之间的关系式(若用 y 的代数式来表示 x,有些复

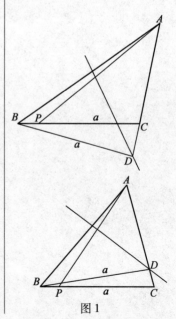

图1

杂).

注 本题出题方所给答案是 $x=90°-3y$(即 $AB=2a\cos 3y$),笔者认为不对.

V.(i)可不妨设 a,b,c,d 中绝对值最大的数为 a.

当 $a>0$ 时：

由 $(d+a)b>0$,得 $d+a>0$(因为 $d+a\neq 0$),所以 $b>0$. 还得到 $a+b>0$.

再由 $(a+b)c>0$,得 $c>0$. 还得到 $b+c>0$.

再由 $(b+c)d>0$,得 $d>0$.

即此时 a,b,c,d 全是正数.

当 $a<0$ 时：

将上面的证明中的 a,b,c,d 分别改为 $-a,-b,-c,-d$ 后,即可得到这里的证明.

所以 a,b,c,d 全是正数或全是负数.

(ii)可不妨设 $a_1,a_2,a_3,\cdots,a_n$ 中绝对值最大的数为 a_1.

当 $a_1>0$ 时：

由 $(a_n+a_1)a_2>0$,可得 $a_2>0$ 还得到 $a_1+a_2>0$.

再由 $(a_1+a_2)a_3>0$,得 $a_3>0$. 还得到 $a_2+a_3>0$.

……

再由 $(a_{n-2}+a_{n-1})a_n>0$,得 $a_n>0$.

即此时 $a_1,a_2,a_3,\cdots,a_n$ 全是正数.

当 $a_1<0$ 时：

将上面的证明中的 $a_1,a_2,a_3,\cdots,a_n$ 分别改为 $-a_1,-a_2,-a_3,\cdots,-a_n$ 后,即可得到这里的证明.

所以 $a_1,a_2,a_3,\cdots,a_n$ 全是正数或全是负数.

日本第 10 届初级广中杯预赛试题
参考答案(2013 年)

Ⅰ. 可选 $a = \dfrac{1}{n}, b = \dfrac{20}{13} + \dfrac{13}{20} - \dfrac{1}{n} (n \in \mathbf{N}^*)$(总可把它化为一个正的既约分数)满足题设,所以选 C.

Ⅱ. 通过试验知,填入的 6 个正整数可以依次是 2,1,5,3,7,4,所以所求最小值是 $2 + 1 + 5 + 3 + 7 + 4 = 22$.

Ⅲ. 用 0,1,2,3(每个数字都用)排列成四位数码(即包括首位是 0 的情形)有 $A_4^4 = 24$ 个.

在这 24 个数码中,各位上的数字是"均匀"出现的,即 0,1,2,3 在各个数位上均出现了 $\dfrac{24}{4} = 6$ 次,所以这 24 个数码(约定数码 0123 的大小是 123,其余类似)的和是
$$6(0+1+2+3) \times 1\ 111 = 39\ 996$$
其中,首位是 0 的四位数码有 $A_3^3 = 6$ 个,它们的和是
$$\dfrac{6}{3}(1+2+3) \times 111 = 1\ 332$$

所以排列成的四位数的平均值是
$$\dfrac{39\ 996 - 1\ 332}{24 - 6} = 2\ 148$$

所以所求答案是 2 130.

Ⅳ. 如图 1 所示,可得 $BM^2 - 6^2 = 3^2 - 2^2, BM^2 = 41$.

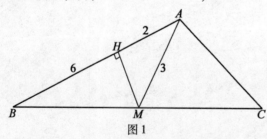

图 1

再由"平行四边形各边的平方和等于其两条对角线的平方和"(用余弦定理可证),得
$$2(AC^2 + AB^2) = (2BM)^2 + (2AM)^2$$
$$2(AC^2 + 8^2) = 4 \times 41 + 6^2$$
$$AC = 6$$

即边 AC 的长度是 6.

Ⅴ. 19.

Ⅵ. 42.

Ⅶ. 90.

Ⅷ. 如图 2 所示,可设 $AB = CD = 1$,$\angle CAD = \theta (0° < \theta < 104°)$.

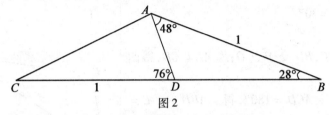

图 2

在 △ACD,△ABC 中分别运用正弦定理,得

$$\frac{1}{\sin\theta} = \frac{AC}{\sin 76°}, \frac{1}{\sin[(\theta+48°)+28°]} = \frac{AC}{\sin 28°}.$$

把它们相除,得

$$\frac{\sin(\theta+76°)}{\sin\theta} = \frac{\sin 28°}{\sin 76°} \quad (0°<\theta<104°)$$

设函数 $f(\theta) = \frac{\sin(\theta+76°)}{\sin\theta}\cos 76° + \sin 76° \cot\theta (0°<\theta<104°)$,得该函数是减函数.

可得该方程即 $f(\theta) = f(76°)$,所以该方程有唯一解,且解为 $\theta = 76°$.

所以 $\angle CAD$ 的度数是 $76°$.

Ⅸ. 7.

Ⅹ. 4 023.

Ⅺ. **解法** 1 如图 3 所示,可设 $\angle ABD = \alpha (0°<\alpha<90°)$,$\angle ACD = 180° - \alpha$.

再设 $\angle CAD = \beta$,$\angle CBD = \angle CDB = \gamma$.

接下来还可设 $\angle CAB = \angle ACB = \dfrac{180°-\alpha-\gamma}{2}$.

由 △BCD 的内角和是 $180°$,可得 $\gamma = \alpha - 60°$(所以 $60° < \alpha < 90°$).

所以 $\angle ADB = 60° - \beta$,$\angle ADC = 120° + \alpha - \beta$.

可不妨设 $AB = BC = CD = 1$. 在等腰 △BCD 中,可得 $BD = 2\cos(\alpha - 60°) = 2\sin(\alpha + 30°)$.

在 △ABD 中,由正弦定理可得

$$\frac{2\sin(\alpha+30°)}{\sin(120°-\alpha+\beta)} = \frac{1}{\sin(60°-\beta)}.$$

$2\sin(\alpha+30°) \cdot 2\sin(60°-\beta) = 2\sin(60°+\alpha-\beta)$

$(\sqrt{3}\sin\alpha + \cos\alpha)(\sqrt{3}\cos\beta - \sin\beta)$

$= (\sqrt{3}\cos\alpha + \sin\alpha)\cos\beta - (\cos\alpha - \sqrt{3}\sin\alpha)\sin\beta$

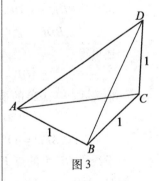

图 3

把两边展开后,得

$$\sin\alpha\cos\beta = \sqrt{3}\sin\alpha\sin\beta \quad (60° < \alpha < 90°)$$

$$\tan\beta = \frac{1}{\sqrt{3}} \quad (0° < \beta < 180°)$$

$$\beta = 30°$$

即 $\angle DAC$ 的度数是 $30°$.

解法 2 如图 4 所示,设 AC, BD 交于点 O,作 $AE \underline{\underline{\parallel}} CD$,得四边形 $ACDE$ 是平行四边形.

由 $\angle E = \angle ACD$,$\angle ABD + \angle ACD = 180°$,得 $\angle ABD + \angle E = 180°$,四点 A, B, D, E 共圆.

再由 $AB = CD = AE$,得 $\angle ADB = \angle ADE = \angle DAC$.

设 $\angle BAC = \angle ACB = \alpha$,$\angle CBD = \angle CDB = \beta$,得 $\angle ACD = \angle E = \angle DBF = \angle CBF + \angle DBC = 2\alpha + \beta$.

由 $\triangle BCD$ 的内角和是 $180°$,可得 $\alpha + \beta = 60°$.

因为在 $\triangle AOD$,$\triangle BOC$ 中,有 $\angle AOD = \angle BOC$,所以 $\angle DAC + \angle ADB = \angle CBD + \angle ACB = \alpha + \beta = 60°$.

又前面已得 $\angle ADB = \angle DAC$,所以 $\angle DAC = 30°$.

即 $\angle DAC$ 的度数是 $30°$.

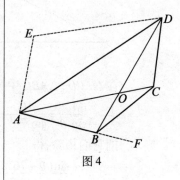

图 4

解法 3 如图 5 所示,设 AC, BD 交于点 O,延长 AB, DC 交于点 E,联结 OE.

由 $\angle ABD + \angle ACD = 180°$,可得 $\angle OBE + \angle OCE = 180°$,四点 O, B, E, C 共圆.

可得 $\angle BDE = \angle DBC = \angle OEC$,$\angle CAE = \angle ACB = \angle AEO$,所以

$$\angle BDE + \angle CAE = \angle OEC + \angle AEO = \angle AED \quad (1)$$

还可得

$$\angle ADB + \angle CAD = \angle DOC = \angle AED \quad (2)$$

把等式 (1),(2) 的最左端、最右端相加后,可得

$$180° - \angle AED = 2\angle AED$$

$$\angle AED = 60°, \angle BOC = 120°, \angle AOD = 60°$$

设线段 OB 上的点 F(点 F 与点 B 不重合)满足 $AB = AF$,可得 $\angle AFO = 180° - \angle ABD = \angle DCO$.

又 $\angle AOF = \angle DOC$,$AF = CD$,所以 $\triangle AOF \cong \triangle DOC$,$OA = OD$.

在等腰 $\triangle OAD$ 中,因为 $\angle AOD = 60°$,所以 $\angle DAC = 30°$.

即 $\angle DAC$ 的度数是 $30°$.

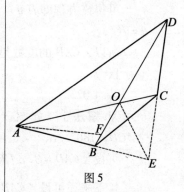

图 5

日本第10届初级广中杯决赛试题参考答案(2013年)

Ⅰ.(i)如图1所示(答案不唯一).

(ii)24.

(iii)16.

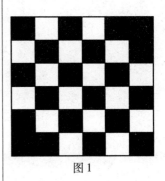

图1

Ⅱ.(i)得 $\dfrac{1}{\overline{ab}} = \dfrac{\overline{cd}}{999}$, $\dfrac{1}{\overline{cd}} = \dfrac{\overline{ab}}{999}$,即 $\overline{ab} \cdot \overline{cd} = 999 = 3^3 \cdot 37$.

再由两位数 $\overline{ab}$ 比 $\overline{cd}$ 小,得 $\overline{ab} = 27$, $\overline{cd} = 37$.

又 $\dfrac{1}{27} = 0.037\,037\,037\cdots$, $\dfrac{1}{37} = 0.027\,027\,027\cdots$,即 $\overline{ab} = 27$, $\overline{cd} = 37$ 满足题设.

所以 a,b,c,d 分别代表数字 $2,7,3,7$.

(ii)126.

(iii)如图2所示,可设 $\angle ACD = \angle ADC = \theta$, $\angle CAD = 180° - 2\theta$, $\angle BAC = 2\theta - 144°$(可得 $72° < \theta < 90°$).

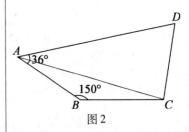

图2

在 $\triangle ABC$, $\triangle ACD$ 中均用正弦定理,可得

$$\dfrac{BC}{\sin(2\theta - 144°)} = \dfrac{AC}{\sin 150°},\ \dfrac{CD}{\sin 2\theta} = \dfrac{AC}{\sin\theta},\ BC = CD$$

由此可得

$$\sin(2\theta - 144°) = \cos\theta = \sin(90° - \theta)$$

由 $2\theta - 144°$, $90° - \theta$ 均是锐角,得

$$2\theta - 144° = 90° - \theta$$

$$\theta = 78°$$

$\angle BCD = (180° - 150° - \angle BAC) + \angle ACD = 96°$

即 $\angle BCD$ 的度数是 $96°$.

(iv)方法1:A 组 $(7,9)$, B 组 $(1,2,4,8)$, C 组 $(3,5,6)$.

方法2:A 组 $(1,6,9)$, B 组 $(2,5,8)$, C 组 $(3,4,7)$.

(v)如图3所示,可不妨设 $AP = 2$, $PB = 1$, $\angle BPC = \theta$.

① 在 $\text{Rt}\triangle BCP$ 中,可得 $PC = \dfrac{1}{\cos\theta}$ $(0° < \theta < 90°)$.

在 $\text{Rt}\triangle APQ$ 中,可得 $\angle AQP = \theta$, $PQ = \dfrac{2}{\sin\theta}$.

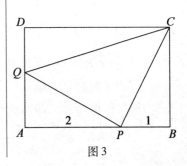

图3

再由 $PC = PQ$，可求得 $\tan\theta = 2$，即 $BC = 2$，所以 $AB:BC = 3:2$.

② 在 Rt$\triangle BCP$ 中，可得 $PC = \dfrac{1}{\cos\theta}$.

在 Rt$\triangle APQ$ 中，可得 $\angle APQ = 120° - \theta (30° < \theta < 90°)$，$PQ = \dfrac{2}{\cos(120° - \theta)}$.

再由 $PC = PQ$，可得
$$\cos(120° - \theta) = 2\cos\theta$$
$$\tan\theta = \dfrac{5}{\sqrt{3}},\ BC = \dfrac{5}{\sqrt{3}}$$

再得
$$\cos(120° - \theta) = 2\cos\theta = \sqrt{\dfrac{3}{7}}$$
$$\tan(120° - \theta) = \dfrac{2}{\sqrt{3}} = \dfrac{QA}{2}$$
$$QA = \dfrac{4}{\sqrt{3}},\ QD = BC - QA = \dfrac{1}{\sqrt{3}}$$
$$AQ:QD = 4$$

Ⅲ. 如图 4 所示，设 $\angle ABD = \angle CBD = \theta(0° < \theta < 90°)$.

在 $\triangle ABC$，$\triangle ABD$ 中分别用余弦定理，可得
$$AC^2 = 25 - 24\cos 2\theta = 49 - 48\cos^2\theta$$
$$AD^2 = 65 - 56\cos\theta$$

再由 $AC = AD$，可求得 $\cos\theta = \dfrac{1}{2}$ 或 $\dfrac{2}{3}$.

若 $\cos\theta = \dfrac{1}{2}$，得 $\theta = 60°$，所以 $AC = AD = \sqrt{37}$.

在 $\triangle ABD$ 中，用余弦定理可求得 $\cos\angle BAD = \dfrac{1}{2\sqrt{37}}$.

由角平分线性质定理，可得 $\dfrac{AP}{PC} = \dfrac{BA}{BC} = \dfrac{4}{3}$，所以 $PC = \dfrac{3}{7}AC = \dfrac{3}{7}\sqrt{37}$.

在 $\triangle BCP$ 中，用正弦定理可求得 $\sin\angle BPC = \dfrac{7\sqrt{3}}{2\sqrt{37}}$.

由 $\triangle BAP$ 的内角和与 $\triangle BCP$ 的内角和相等，且 $\angle ACB > \angle BAC$(大边对大角)，可得 $\angle BPC < \angle APB$. 又 $\angle BPC + \angle APB = 180°$，所以 $0° < \angle BPC < 90°$.

得 $\cos\angle BPC = \dfrac{1}{2\sqrt{37}} = \cos\angle BAD$，$\angle BPC = \angle BAD$，这与题设

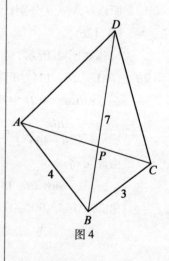

图 4

$\angle BPC \neq \angle BAD$ 矛盾!.

若 $\cos\theta = \frac{2}{3}$,可得 $AC = AD = \frac{\sqrt{249}}{3}$.

在 $\triangle ABD$ 中,用余弦定理可求得 $\cos\angle BAD = -\frac{2}{\sqrt{249}}$,所以 $90° < \angle BAD < 180°$.

而前面已证 $0° < \angle BPC < 90°$,所以 $\angle BPC \neq \angle BAD$.

即 $\cos\theta = \frac{2}{3}$ 满足题设.

在 $\triangle BCD$ 中,用余弦定理可求得 $CD = \sqrt{30}$,$\cos\angle BDC = \sqrt{\frac{5}{6}}$,$\cos 2\angle BDC = \frac{2}{3}$.

所以 $\cos 2\angle BDC = \cos\theta$.

因为 $\angle BDC < \angle BPC < 90°$,所以 $2\angle BDC, \theta \in (0°, 180°)$,得 $2\angle BDC = \theta = \frac{1}{2}\angle ABC$,$\angle BDC = \frac{1}{4}\angle ABC$,即 $\angle BDC$ 等于 $\angle ABC$ 的 $\frac{1}{4}$ 倍.

日本第14届广中杯预赛试题
参考答案(2013年)

Ⅰ.(i)同第10届初级广中杯预赛试题Ⅰ答案.

(ii) 4 028 013,4 032 039 等.

(iii) 10.

(iv) 244.

(v)可设 $\angle BAD = 2\alpha(0°<\alpha<30°)$, $\angle DAC = 4\alpha$, $\angle B = 90° - 3\alpha$, $\angle ADB = 90° + \alpha$.

在 $\triangle ABD$ 中,由正弦定理可求得 $\sin \alpha = \frac{1}{4}$,所以 $\cos \alpha = \frac{\sqrt{15}}{4}$, $\sin 2\alpha = \frac{\sqrt{15}}{8}$, $\sin 3\alpha = \frac{11}{16}$, $\cos 6\alpha = \frac{7}{128}$.

所以 $\frac{\frac{BC}{2}}{8} = \cos B = \sin 3\alpha = \frac{11}{16}$, $BC = 11$, $CD = 7$.

由切割线定理 $BD^2 = BE \cdot BA$,可得 $AE = 6$.

同理,可得 $AF = \frac{15}{8}$.

在 $\triangle AEF$ 中,由余弦定理可求得 $EF = \frac{99}{16}$. 即线段 EF 的长度是 $\frac{99}{16}$.

Ⅱ.(i) 76.

(ii)①首位数字是1的有 $A_9^3 = 504$ 个,首位数字是2的只有1个,所以答案是505.

②首位数字是1时,设为 $\overline{1abc}$.

先看 $a<c$ 的情形,得 $a \neq 1$.

又包括两种情形:

(a) $a + c = b + 1 (2 \leqslant b \leqslant 9)$.

当 $b=2$ 时, $(a,c)=(0,3)$;当 $b=3$ 时, $(a,c)=(0,4)$;当 $b=4$ 时, $(a,c)=(0,5),(2,3)$;当 $b=5$ 时, $(a,c)=(0,6),(2,4)$;当 $b=6$ 时, $(a,c)=(0,7),(2,5),(3,4)$;当 $b=7$ 时, $(a,c)=(0,8),(2,6),(3,5)$;当 $b=8$ 时, $(a,c)=(0,9),(2,7),(3,6)$,

$(4,5)$;当 $b=9$ 时,$(a,c)=(2,8),(3,7),(4,6)$.

此时得 $1+1+2+2+3+3+4+3=19$ 种.

(b)$a+c=b+12(0\leq b\leq 9,b\neq 1)$.

当 $b=0$ 时,$(a,c)=(3,9),(4,8),(5,7)$;当 $b=2$ 时,$(a,c)=(5,9),(6,8)$;当 $b=3$ 时,$(a,c)=(6,9),(7,8)$;当 $b=4$ 时,$(a,c)=(7,9)$;当 $b=5$ 时,$(a,c)=(8,9)$.

此时得 $3+2+2+1+1=9$ 种.

即 $a<c$ 的情形有 $19+9=28$ 种.

所以 $a>c$ 的情形也有 28 种.

得首位数字是 1 的有 56 个.

又首位数字是 2 的只有 1 个,所以答案是 57.

(iii) 同第 10 届初级广中杯预赛试题 IX 答案.

(iv) 同第 10 届初级广中杯预赛试题 X 答案.

Ⅲ. 如图 1 所示,设 $AB=DE=a$,$\angle BAD=2\alpha$,$\angle CAD=4\alpha$,$\angle ABD=90°-3\alpha$,$\angle ADB=90°+\alpha$,$\angle BDE=90°-\alpha$.

在 $\triangle ABD$ 中,由正弦定理 $\dfrac{BD}{\sin\angle BAD}=\dfrac{AB}{\sin\angle ADB}$,可得 $BD=2a\sin\alpha$.

在 $\triangle EBD$ 中,由余弦定理可得 $BE=a$.

所以 $AB=BE$.

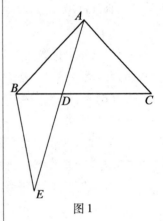

图 1

日本第14届广中杯决赛试题
参考答案(2013年)

Ⅰ.同第10届初级广中杯决赛试题Ⅰ答案.

Ⅱ.(ⅰ)$A_1:1,6,9;A_2:2,5,8;A_3:3,4,7$.

(ⅱ)存在,下面给出一种分组方法:

$A_1:1,2,\cdots,9;A_2:10,11,\cdots,18;A_3:19,20,\cdots,27;A_4:28,29,\cdots,36;A_5:45,44,\cdots,37;A_6:54,53,\cdots,46;A_7:63,62,\cdots,55;A_8:72,71,\cdots,64;A_9:81,80,\cdots,73$.

Ⅲ.(ⅰ)70.

(ⅱ)10.

Ⅳ.(ⅰ)十位数是1,2,3,4,5,6,7,8,9的二位"好数"分别有9,8,7,6,5,4,3,2,1个,所以所求答案是$9+8+7+\cdots+1=45$.

(ⅱ)11,12,13,14,15,22,23,24,33,34,44.

(ⅲ)不可能.

Ⅴ.如图1所示,可设△BPQ的边长是r,∠$ABQ=\theta$,∠$CBP=30°-\theta(0°<\theta<30°)$,∠$DQP=30°+\theta$.

由$S_{\triangle ABQ}=4$,可得$r^2\sin 2\theta=16$.

由$S_{\triangle BCP}=1$,可得$r^2\sin(60°-2\theta)=4$.

把这两个等式相除后,可求得$\tan 2\theta=\dfrac{2}{\sqrt{3}}$,$\sin 2\theta=\dfrac{2}{\sqrt{7}}$,$\cos 2\theta=\dfrac{\sqrt{3}}{\sqrt{7}}$.

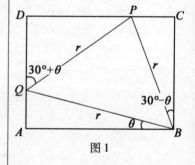

图1

进而可得,$r^2=8\sqrt{7}$,$\sin(60°+2\theta)=\dfrac{5}{2\sqrt{7}}$.

由此可得

$$S_{\triangle DPQ}=\dfrac{1}{4}r^2\sin(60°+2\theta)=\dfrac{1}{4}\times 8\sqrt{7}\times\dfrac{5}{2\sqrt{7}}=5$$

日本第 11 届初级广中杯预赛试题
参考答案(2014 年)

Ⅰ. 可证从 1 到 n(n 是大于 2 的正整数)的整数中取出三个互不相同的数求和,这个和可表示 $1+2+3(=6)$ 到 $(n-2)+(n-1)+n(=3n-3)$ 的所有正整数:

$1+2+3,1+2+4,\cdots,1+2+n$ 表示了 6 到 $n+3$ 的全体正整数;

$1+2+n,1+3+n,\cdots,1+(n-1)+n$ 表示了 $n+3$ 到 $2n$ 的全体正整数;

$1+(n-1)+n,2+(n-1)+n,\cdots,(n-2)+(n-1)+n$ 表示了 $2n$ 到 $3n-3$ 的全体正整数.

当然,从 1 到 n(n 是大于 2 的正整数)的整数中取出三个互不相同的数求和,这个和也只能表示 6 到 $3n-3$ 的某一个正整数.

令 $n=2014$,可得答案 6034.

Ⅱ. 可求得 $2,3,4,\cdots,11$ 的最小公倍数即 $6,7,8,9,10,11$ 的最小公倍数是 27720.

设所求的数是 x,得 $2 \mid x-1, 3 \mid x-2, 4 \mid x-3, \cdots, 11 \mid x-10$.

令 $x=y-1$,得 $27720 \mid y$,进而可得所求答案是 -1.

Ⅲ. 可以计算出原题的图 1 中所有角的度数(比如 $\angle QRS = 48°$),进而可得 $RB=RQ=RS=SP=SC$.

设菱形 $PQRS$ 的边长为 a,可得菱形 $PQRS$ 的面积为 $a^2 \sin 48° = 30$.

又 $AC=BC\sin 24°=3a\sin 24°, AB=3a\cos 24°$,所以

$$S_{\triangle ABC} = \frac{1}{2} BA \cdot BC \cdot \sin B = \frac{1}{4} \cdot (3a)^2 \cdot \sin 48°$$

$$= \frac{9}{4} \times 30 = 67.5.$$

即 $\triangle ABC$ 的面积是 67.5.

Ⅳ. 以下同余式的模均为 101.

(i)若广志说的是真话,得 $85! \equiv 6, 86! \equiv 6 \times 86 \equiv 11$,所以广木说的也是真话.

这与题设矛盾!所以广志说的是假话.

(ii)若广木说的是真话,得 $86! \equiv 11, 87! \equiv 11 \times 87 \equiv 48$,所

以广子说的是假话.

接下来,还须看广志说的是否为真话.

由广木说的是真话,得 $86! = 101k + 11 = 86l(k,l \in \mathbf{N}^*)$,可求得 $\begin{cases} k = 86t + 5 \\ l = 85! = 101t + 6 \end{cases}$ $(t \in \mathbf{N})$,所以广志说的是真话.

这与题设矛盾!所以广木说的是假话.所以广子说的是真话.

当然,由广子说的是真话可以验证广志、广木说的均是假话.

由广子说的是真话,可得 $87! = 101k + 17 = 87l(k,l \in \mathbf{N}^*)$,可求得 $\begin{cases} k = 87t + 43 \\ l = 86! = 101t + 50 \end{cases}$ $(t \in \mathbf{N})$,所以广木说的是假话.

由广子说的是真话,由以上推导可得 $86! = 101t + 50 = 86m$ $(k,l \in \mathbf{N}^*)$,可求得 $\begin{cases} t = 86s + 54 \\ m = 85! = 101s + 64 \end{cases}$ $(s \in \mathbf{N})$,所以广志说的是假话.

由广子说的是真话,可得 $88! \equiv 88 \times 7 \equiv 10$,即 $88!$ 被 101 除所得的余数是 10.

Ⅴ.999.

Ⅵ.(i)648.

(ii)3 432.

(iii)98 752.

Ⅶ.**解法1** (1)由"凸四边形的面积等于两条对角线及其夹角正弦积的一半"可得四边形 $ABCD$ 的面积是 $\frac{1}{2} \times 4 \times 5\sin\theta = 10\sin\theta \leq 10$(当且仅当两条对角线 AC,BD 的夹角 θ 是 90°时取等号),即四边形 $ABCD$ 的面积的最大值是 10.

(2)可如图 1 所示建立平面直角坐标系 xOy,得 $B(-2.5,0)$, $D(2.5,0)$.

由 $AB = 3, AD = 4$,点 D 在 x 轴上方,可得 $A(-0.7, 2.4)$.

设 $C(x,y)(y<0)$,由 $AC = 4$,得 $(x+0.7)^2 + (y-2.4)^2 = 4^2$.

由 $OC = 2.5$,可得 $x^2 + y^2 = 2.5^2$.

解方程组 $\begin{cases} (x+0.7)^2 + (y-2.4)^2 = 4^2 \\ x^2 + y^2 = 2.5^2 \quad (y<0) \end{cases}$,得 $C(-2.108, -1.344)$.

又 $D(2.5,0)$,所以可求得 $CD = 4.8$.

解法2 (1)同上.

(2)由托勒密(Ptolemy)定理"圆的内接凸四边形两对对边乘积的和等于两条对角线的乘积"及勾股定理列方程组容易求解.

解法3 (1)同上.

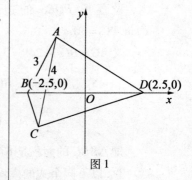

图1

(2)如图 2 所示,由四点 A,B,C,D 共圆知,可设 $\angle ABD = \angle ACD = \angle ADC = \alpha$.

在 Rt$\triangle ABD$ 中,可得 $\cos \alpha = \dfrac{3}{5}$.

所以在等腰$\triangle ACD$ 中,可得 $\dfrac{3}{5} = \cos \alpha = \dfrac{\dfrac{CD}{2}}{4}, CD = 4.8$.

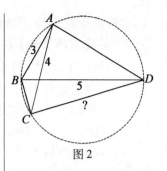

图 2

解法 4 (1)同上.

(2)如图 3 所示,延长 CB, DA 交于点 E.

由四点 A,B,C,D 共圆,可得 $\angle EBA = \angle ADC = \angle ACD = \angle ABD$.

又 $BA \perp AD$,得 $\triangle ABE \cong \triangle ABD$,所以 $EA = AD = 4, EB = BD = 5$.

还可得 $\triangle ABE \sim \triangle CDE$,所以 $\dfrac{AB}{CD} = \dfrac{BE}{DE}, \dfrac{3}{CD} = \dfrac{5}{8}, CD = 4.8$.

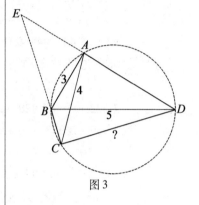

图 3

Ⅷ.(i)设 $\square = x$.

由 $1156 = 34^2$,得 $1.8^{\frac{x}{2}} > 34 > 2^5$.

用反证法可证得 $\dfrac{x}{2} > 5, x \geq 11$.

所以可从 $x = 11, 12, 13, \cdots$ 开始猜测答案. 下面证明 $x = 12$.

一方面,可得
$$1.8^4 = 3.24^2 < 3.3^2 = 10.89 < 12$$
$$1.8^8 < 144$$

又 $1.8^3 < 2^3 = 8$,所以 $1.8^{11} < 144 \times 8 = 1152 < 1.8^x$.

另一方面,还可得
$$1.8^2 > 3, 1.8^6 > 27, 1.8^{12} > 729 > 700,$$
$$1.8^{13} > 700 \times 1.8 = 1260 > 1.8^x.$$

所以 $1.8^{11} < 1.8^x < 1.8^{13}$.

又 x 是正整数,所以 $x = 12$.

(ii)注意到①和②的右边近似相等,且 $1.8^2 = 3.24$,再由①的答案是 12 知,可猜测答案是 2.

容易验证答案就是 2(因为答案唯一).

Ⅸ.(i)先看 $1 \times \times \times$ 形:

若"$\times \times \times$"中没有 1,得 9 种情形.

若"$\times \times \times$"中只有一个 1,得 $C_3^1 C_9^1 = 27$ 种情形.

若"$\times \times \times$"中只有两个 1,得 $C_3^2 C_9^1 = 27$ 种情形.

此时得 $9 + 27 + 27 = 63$ 种情形.

再看 $2 \times \times \times$ 形:有 2 个(2 000, 2 002).

所以答案为 $63+2=65$.

(ii) 先看两个数字各出现 2 次的情形:

$aabb$ 形中 a 有 9 种取法(不能选 0),b 有 9 种取法(因为 $b\neq a$),得这样的数有 81 个. 所有这样数的和是

$1\,100+1\,111+1\,122+\cdots+1\,199-1\,111+2\,200+2\,211+$
$2\,222+\cdots+2\,299-2\,222+3\,300+3\,311+3\,322+\cdots+$
$3\,399-3\,333+\cdots+9\,900+9\,911+9\,922+\cdots+9\,999-9\,999$
$=1\,100\times10(1+2+\cdots+9)+11(1+2+\cdots+9)\times$
$9-1\,111(1+2+\cdots+9)$
$=9\,988\times45=449\,460$

$abab$ 形的数有 81 个. 所有这样数的和是

$1\,010+1\,111+1\,212+\cdots+1\,919-1\,111+2\,020+2\,121+$
$2\,222+\cdots+2\,929-2\,222+3\,030+3\,131+3\,232+\cdots+$
$3\,939-3\,333+\cdots+9\,090+9\,191+9\,292+\cdots+9\,999-9\,999$
$=101(10+11+12+\cdots+99)-1\,111(1+2+\cdots+9)$
$=495\,405-49\,995=445\,410$

$abba$ 形的数有 81 个. 所有这样数的和是

$1\,001+1\,111+1\,221+\cdots+1\,991-1\,111+2\,002+2\,112+$
$2\,222+\cdots+2\,992-2\,222+3\,003+3\,113+3\,223+\cdots+$
$3\,993-3\,333+\cdots+9\,009+9\,119+9\,229+\cdots+9\,999-9\,999$
$=1\,001\times10(1+2+\cdots+9)+11(1+2+\cdots+9)\times$
$9-1\,111(1+2+\cdots+9)$
$=8\,998\times45=404\,910$

再看两个数字分别出现 1 次、3 次的情形:

$abbb$ 形的数有 81 个. 所有这样数的和是

$1\,000+1\,111+1\,222+\cdots+1\,999-1\,111+2\,000+2\,111+$
$2\,222+\cdots+2\,999-2\,222+3\,000+3\,111+3\,222+\cdots+$
$3\,999-3\,333+\cdots+9\,000+9\,111+9\,222+\cdots+9\,999-9\,999$
$=1\,000\times10(1+2+\cdots+9)+111(1+2+\cdots+9)\times$
$9-1\,111(1+2+\cdots+9)$
$=9\,888\times45=444\,960$

$babb$ 形的数有 81 个. 所有这样的数的和是

$1\,011\times9+100(0+1+2+\cdots+9)-100+$
$2\,022\times9+100(0+1+2+\cdots+9)-200+$
$3\,033\times9+100(0+1+2+\cdots+9)-300+\cdots+$
$9\,099\times9+100(0+1+2+\cdots+9)-900$
$=1\,011\times9(1+2+\cdots+9)+100(1+2+\cdots+9)\times8$

$= 9\ 899 \times 45 = 445\ 455$

$bbab$ 形的数有 81 个. 所有这样数的和是

$1\ 101 \times 9 + 10(0+1+2+\cdots+9) - 10 +$
$2\ 202 \times 9 + 10(0+1+2+\cdots+9) - 20 +$
$3\ 303 \times 9 + 10(0+1+2+\cdots+9) - 30 + \cdots +$
$9\ 909 \times 9 + 10(0+1+2+\cdots+9) - 90$
$= 1\ 101 \times 9(1+2+\cdots+9) + 10(1+2+\cdots+9) \times 8$
$= 9\ 989 \times 45 = 449\ 505$

$bbba$ 形的数有 81 个. 所有这样数的和是

$1\ 110 \times 9 + (0+1+2+\cdots+9) - 1 +$
$2\ 220 \times 9 + (0+1+2+\cdots+9) - 2 +$
$3\ 330 \times 9 + (0+1+2+\cdots+9) - 3 + \cdots +$
$9\ 990 \times 9 + (0+1+2+\cdots+9) - 9$
$= 1\ 110 \times 9(1+2+\cdots+9) + (1+2+\cdots+9) \times 8$
$= 9\ 998 \times 45 = 449\ 910$

所以符合条件的所有数共有 $81 \times 3 + 81 \times 4 = 567$ 个.

这 567 个数的和是 $449\ 460 + 445\ 410 + 404\ 910 + 444\ 960 + 445\ 455 + 449\ 505 + 449\ 910 = 3\ 089\ 610$.

(iii) 由(ii)的解答可得答案为 $\frac{3\ 089\ 610}{567} = \frac{114\ 430}{21}$(但出题方给出的参考答案是 $\frac{115\ 915}{21}$, 笔者认为不对).

X. 设商品 X 的原价是正整数 x, 得

$$[108\%x] - [105\%x] = 100$$
$$[8\%x] - [5\%x] = 100 \quad (1)$$

可得

$$8\%x - 1 < [8\%x] \leq 8\%x$$
$$-5\%x \leq -[5\%x] < 1 - 5\%x$$

把它们相加, 得

$$3\%x - 1 < 100 < 3\%x + 1 \quad (x \in \mathbf{N}^*)$$
$$3\ 301 \leq x \leq 3\ 366$$

可以验证: $x = 3\ 366, 3\ 365, 3\ 364, 3\ 363$ 均不满足式(1), $x = 3\ 362$ 满足式(1); $x = 3\ 301, 3\ 302, \cdots, 3\ 312$ 均不满足式(1), $x = 3\ 313$ 满足式(1).

还可验证满足式(1)的正整数 x 共有 33 个.

所以本题的答案是:

(i) 3 313.

(ii) 3 362.

(iii) 33.

XI. (i) 假设 M 是有理数,则 M 是循环小数,所以其循环节的长度是 n.

因为无限小数 M 中有 n 个 0 连续出现(因为 10^n 的末尾就是 n 个连续的 0),所以循环节就是 n 个 0,得无限小数 M 从某一位后全是 0,所以 M 是有限小数.

前后矛盾! 即假设错误,得 M 是无理数.

(ii) N 是无理数,证明如下.

$\forall m \in \mathbf{N}^*, \exists \varepsilon \in \left(0, \dfrac{1}{2}\right)$ 使得 $10^\varepsilon < 1 + \dfrac{1}{10^m}$.

下证 $\exists n \in \mathbf{N}^*$,使得 $\{n\lg 2\} \in (0, \varepsilon)$.

由狄利克雷定理可知,存在无穷多对正整数 k, l,使得 $|k\lg 2 - l| < \varepsilon$,即 $l - \varepsilon < k\lg 2 < l + \varepsilon$,所以 $\{k\lg 2\} \in (0, \varepsilon)$ 或 $(1 - \varepsilon, 1)$.

若 $\{k\lg 2\} \in (0, \varepsilon)$,选 $n = k$ 即可.

若 $\{k\lg 2\} \in (1 - \varepsilon, 1)$,得 $\{-k\lg 2\} \in (0, \varepsilon)$.

可设 $-k\lg 2 = t + \alpha\left(0 < \alpha < \varepsilon < \dfrac{1}{2}, t \in \mathbf{Z}\right)$,选正整数 $p \in \left(\dfrac{1}{\alpha} - 1, \dfrac{1}{\alpha}\right)$,得

$$p\alpha + \varepsilon > 1 - \alpha + \varepsilon > 1$$
$$1 - \varepsilon < p\alpha < 1$$

所以

$$-pk\lg 2 = pt + p\alpha \quad (1 - \varepsilon < p\alpha < 1, pt \in \mathbf{Z})$$
$$\{-pk\lg 2\} \in (1 - \varepsilon, 1)$$
$$\{pk\lg 2\} \in (0, \varepsilon)$$

此时选 $n = pk$ 即可.

可取足够大的正整数 n 使 $[n\lg 2] > m$,得

$$10^{[n\lg 2]} < 2^n = 10^{n\lg 2} = 10^{[n\lg 2]} \times 10^{\{n\lg 2\}} < 10^{[n\lg 2]} \times 10^\varepsilon$$
$$< 10^{[n\lg 2]}\left(1 + \dfrac{1}{10^m}\right) = 10^{[n\lg 2]} + 10^{[n\lg 2] - m}$$

所以在 2^n 的十进制表示中,从右往左的第 $[n\lg 2] - m + 1$ 位到第 $[n\lg 2] - m$ 位,这 m 位上的数字均为 0.

再同(i)的证明,可得欲证结论成立.

日本第11届初级广中杯决赛试题参考答案(2014年)

Ⅰ.(i) 6.

(ii) 16 个,一种排列方法是:11,1,7,14,2,10,5,16,3,9,18, 6,12,4,16,8.

Ⅱ.(i) 在图1中,以点 B 为坐标原点,射线 BC 的方向为 x 轴的正方向,射线 BA 的方向为 y 轴的正方向,建立平面直角坐标系.

可得 $A(0,3), C(5,0), \vec{CA}$ 对应的复数是 $-5+3i$.

因为 $\vec{CD}$ 是 $\vec{CA}$ 绕点 C 顺时针旋转 $90°$ 得到的,所以 $\vec{CD}$ 对应的复数是 $(-5+3i) \cdot (-i)$,即 $3+5i$,得 $D(8,5)$,所以可得直线 BD, AC 的方程分别是 $y = \frac{5}{8}x, 3x+5y=15$,所以 $P\left(\frac{120}{49}, \frac{75}{49}\right)$.

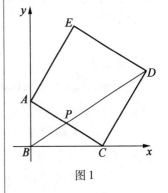

图 1

得 $\dfrac{AP}{PC} = \dfrac{x_P - x_A}{x_C - x_P} = \dfrac{\frac{120}{49} - 0}{5 - \frac{120}{49}} = \dfrac{24}{25}$.

(ii) 设吉久君一步跨 $i(i=1,2,3,4,5,6,7)$ 级的有 x_i 次,得

$$x_1 + 2x_2 + 3x_3 + 4x_4 + 5x_5 + 6x_6 + 7x_7 = 10 \quad (x_1, x_2, x_3, x_4, x_5, x_6, x_7 \in \mathbf{N})$$

当 $x_7 = 1$ 时,得 $x_4 = x_5 = x_6 = 0, x_1 + 2x_2 + 3x_3 = 3 (x_1, x_2, x_3 \in \mathbf{N})$.

若 $x_3 = 1$ 时,得 $x_1 = x_2 = 0$,即此时的走法是一步跨 3 级一步跨 7 级,记作 $3+7$(下同),得 $C_2^1 = 2$ 种走法.

若 $x_3 = 0$ 时,得 $x_1 + 2x_2 = 3$,又得以下两种情形:

$(x_1, x_2) = (1,1)$,即此时的走法是 $1+2+7$,得 $A_3^3 = 6$ 种走法.

$(x_1, x_2) = (3,0)$,即此时的走法是 $1+1+1+7$,得 $C_4^1 = 4$ 种走法.

所以当 $x_7 = 1$ 时的走法有 $2+6+4=12$ 种.

当 $x_7 \neq 1$ 即 $x_7 = 0$ 时,得

$$x_1 + 2x_2 + 3x_3 + 4x_4 + 5x_5 + 6x_6 = 10$$

$$(x_1, x_2, x_3, x_4, x_5, x_6 \in \mathbf{N})$$

当 $x_6 = 1$ 时,得 $x_5 = 0, x_1 + 2x_2 + 3x_3 + 4x_4 = 4 (x_1, x_2, x_3, x_4 \in \mathbf{N})$.

若 $x_4 = 1$ 时,得 $x_1 = x_2 = x_3 = 0$,即此时的走法是 $4 + 6$,得 $C_2^1 = 2$ 种走法.

若 $x_4 = 0$ 时,得 $x_1 + 2x_2 + 3x_3 = 4 (x_1, x_2, x_3 \in \mathbf{N})$,又得以下 4 种情形:

$(x_1, x_2, x_3) = (1, 0, 1)$,即此时的走法是 $1 + 3 + 6$,得 $A_3^3 = 6$ 种走法.

$(x_1, x_2, x_3) = (0, 2, 0)$,即此时的走法是 $2 + 2 + 6$,得 $C_3^1 = 3$ 种走法.

$(x_1, x_2, x_3) = (2, 1, 0)$,即此时的走法是 $1 + 1 + 2 + 6$,得 $A_4^2 = 12$ 种走法.

$(x_1, x_2, x_3) = (4, 0, 0)$,即此时的走法是 $1 + 1 + 1 + 1 + 6$,得 $C_5^1 = 5$ 种走法.

得 $x_4 = 0$ 时的走法有 $6 + 3 + 12 + 5 = 26$ 种.

所以 $x_6 = 1$ 时的走法有 $26 + 2 = 28$ 种.

当 $x_6 = 0$ 时,得 $x_1 + 2x_2 + 3x_3 + 4x_4 + 5x_5 = 10 (x_1, x_2, x_3, x_4, x_5 \in \mathbf{N})$.

若 $x_5 = 2$,得 1 种走法 $(2 + 2 + 2 + 2 + 2)$.

若 $x_5 = 1$,得 $x_1 + 2x_2 + 3x_3 + 4x_4 = 5 (x_1, x_2, x_3, x_4 \in \mathbf{N})$,又得以下 6 种情形:

$(x_1, x_2, x_3, x_4) = (1, 0, 0, 1)$,即此时的走法是 $1 + 4 + 5$,得 $A_3^3 = 6$ 种走法.

$(x_1, x_2, x_3, x_4) = (2, 0, 1, 0)$,即此时的走法是 $1 + 1 + 3 + 5$,得 $A_4^2 = 12$ 种走法.

$(x_1, x_2, x_3, x_4) = (0, 1, 1, 0)$,即此时的走法是 $2 + 3 + 5$,得 $A_3^3 = 6$ 种走法.

$(x_1, x_2, x_3, x_4) = (1, 2, 0, 0)$,即此时的走法是 $1 + 2 + 2 + 5$,得 $A_4^2 = 12$ 种走法.

$(x_1, x_2, x_3, x_4) = (3, 1, 0, 0)$,即此时的走法是 $1 + 1 + 1 + 2 + 5$,得 $A_5^2 = 20$ 种走法.

$(x_1, x_2, x_3, x_4) = (5, 0, 0, 0)$,即此时的走法是 $1 + 1 + 1 + 1 + 1 + 5$,得 $C_6^1 = 6$ 种走法.

所以 $x_5 = 1$ 时的走法有 $6 + 12 + 6 + 12 + 20 + 6 = 62$ 种.

若 $x_5 = 0$,得 $x_1 + 2x_2 + 3x_3 + 4x_4 = 10 (x_1, x_2, x_3, x_4 \in \mathbf{N})$,又得

以下 6 种情形:

$(x_1,x_2,x_3,x_4) = (0,1,0,2)$,即此时的走法是 $2+4+4$,得 $C_3^1 = 3$ 种走法.

$(x_1,x_2,x_3,x_4) = (2,0,0,2)$,即此时的走法是 $1+1+4+4$,得 $C_4^2 = 6$ 种走法.

$(x_1,x_2,x_3,x_4) = (0,0,2,1)$,即此时的走法是 $3+3+4$,得 $C_3^1 = 3$ 种走法.

$(x_1,x_2,x_3,x_4) = (1,1,1,1)$,即此时的走法是 $1+2+3+4$,得 $A_4^4 = 24$ 种走法.

$(x_1,x_2,x_3,x_4) = (3,0,1,1)$,即此时的走法是 $1+1+1+3+4$,得 $A_5^2 = 20$ 种走法.

$(x_1,x_2,x_3,x_4) = (0,3,0,1)$,即此时的走法是 $2+2+2+4$,得 $C_4^1 = 4$ 种走法.

$(x_1,x_2,x_3,x_4) = (2,2,0,1)$,即此时的走法是 $1+1+2+2+4$,得 $C_5^1 C_4^2 C_2^2 = 30$ 种走法.

$(x_1,x_2,x_3,x_4) = (4,1,0,1)$,即此时的走法是 $1+1+1+1+2+4$,得 $A_6^2 = 30$ 种走法.

$(x_1,x_2,x_3,x_4) = (6,0,0,1)$,即此时的走法是 $1+1+1+1+1+1+4$,得 $C_7^1 = 7$ 种走法.

$(x_1,x_2,x_3,x_4) = (1,0,3,0)$,即此时的走法是 $1+3+3+3$,得 $C_4^1 = 4$ 种走法.

$(x_1,x_2,x_3,x_4) = (0,2,2,0)$,即此时的走法是 $2+2+3+3$,得 $C_4^2 = 6$ 种走法.

$(x_1,x_2,x_3,x_4) = (2,1,2,0)$,即此时的走法是 $1+1+2+3+3$,得 $C_5^1 C_4^2 C_2^2 = 30$ 种走法.

$(x_1,x_2,x_3,x_4) = (4,0,2,0)$,即此时的走法是 $1+1+1+1+2+2$,得 $C_6^2 = 15$ 种走法.

$(x_1,x_2,x_3,x_4) = (1,3,1,0)$,即此时的走法是 $1+2+2+2+3$,得 $C_5^2 = 10$ 种走法.

$(x_1,x_2,x_3,x_4) = (3,2,1,0)$,即此时的走法是 $1+1+1+2+2+3$,得 $C_6^1 C_5^2 C_3^3 = 60$ 种走法.

$(x_1,x_2,x_3,x_4) = (5,1,1,0)$,即此时的走法是 $1+1+1+1+1+2+3$,得 $A_7^2 = 42$ 种走法.

$(x_1,x_2,x_3,x_4) = (7,0,1,0)$,即此时的走法是 $1+1+1+1+1+1+1+3$,得 $C_8^1 = 8$ 种走法.

$(x_1,x_2,x_3,x_4) = (0,5,0,0)$,即此时的走法是 $2+2+2+2+$

2,得 1 种走法.

$(x_1,x_2,x_3,x_4)=(2,4,0,0)$,即此时的走法是 $1+1+2+2+2+2$,得 $C_6^2=15$ 种走法.

$(x_1,x_2,x_3,x_4)=(4,3,0,0)$,即此时的走法是 $1+1+1+1+2+2+2$,得 $C_7^3=35$ 种走法.

$(x_1,x_2,x_3,x_4)=(6,2,0,0)$,即此时的走法是 $1+1+1+1+1+1+2+2$,得 $C_8^2=28$ 种走法.

$(x_1,x_2,x_3,x_4)=(8,1,0,0)$,即此时的走法是 $1+1+1+1+1+1+1+1+2$,得 $C_9^1=9$ 种走法.

$(x_1,x_2,x_3,x_4)=(10,0,0,0)$,即此时的走法是 $1+1+1+1+1+1+1+1+1+1$,得 1 种走法.

所以 $x_5=0$ 时的走法有 $3+6+3+24+20+4+30+30+7+4+6+30+15+10+60+42+8+1+15+35+28+9+1=391$ 种.

得答案为 $12+28+1+62+391=494$.

注 本题出题方所给答案是 504,笔者认为不对.

(iii) 因为 $2014^{2014}=2^{2014}\times19^{2014}\times53^{2014}$,所以可得 2014^{2014} 的所有正约数中小于 2014 的有 28 个

$2^i(i=0,1,2,\cdots,10),19,19^2,53;2^j\times19(i=1,2,3,4,5,6)$

$2\times19^2,2^2\times19^2,2^k\times53(k=1,2,3,4,5),19\times53$

所以答案是 29.

(iv) 由 $ax-y=ay-7x$,得 $(a+7)x=(a+1)y$.

设 $(a+1,a+7)=d$,得 $d|6,d=1,2,3$ 或 6.

①若 $d=1$,得 $x=k(a+1),y=k(a+7)(k\in\mathbf{Z})$.

再由 $ay-7x=1$,得 $ka(a+7)-7k(a+1)=1$,所以 $k=\pm1$.

若 $k=1$,得 $a^2=8$;若 $k=-1$,得 $a^2=6$. 它们均与"整数 a"矛盾! 即此时不满足题意.

②若 $d=2$,得 $x=k\cdot\dfrac{a+1}{2},y=k\cdot\dfrac{a+7}{2}(k\in\mathbf{Z})$.

再由 $ay-7x=1$,得 $ka\cdot\dfrac{a+7}{2}-7k\cdot\dfrac{a+1}{2}=1$,所以 $k=\pm1$.

若 $k=-1$,得 $a^2=5$(舍去);若 $k=1$,得 $a=\pm3$,还可验证此时均满足 $(a+1,a+7)=2$. 即此时得 $a=\pm3$.

③若 $d=3$,得 $x=k\cdot\dfrac{a+1}{3},y=k\cdot\dfrac{a+7}{3}(k\in\mathbf{Z})$.

再由 $ay-7x=1$,得 $ka\cdot\dfrac{a+7}{3}-7k\cdot\dfrac{a+1}{3}=1$,所以 $k=\pm1$.

若 $k=-1$,得 $a=\pm2$,但要满足 $(a+1,a+7)=3$,得 $a=2$;若

$k=1$, 得 $a^2=10$(舍去). 即此时得 $a=2$.

④若 $d=6$, 得 $x=k\cdot\dfrac{a+1}{6}, y=k\cdot\dfrac{a+7}{6}(k\in\mathbf{Z})$.

再由 $ay-7x=1$, 得 $ka\cdot\dfrac{a+7}{6}-7k\cdot\dfrac{a+1}{6}=1$, 所以 $k=\pm1$.

若 $k=-1$, 得 $a=\pm1$, 但要满足 $(a+1,a+7)=6$, 得 $a=-1$; 若 $k=1$, 得 $a^2=13$(舍去). 即此时得 $a=-1$.

所以满足题意的 a 的值有且仅有 4 个: $-3,-1,2,3$.

(v) 在原题的图 2(a)中可得, $AB=x\cos 31°, BC=x\sin 31°, AD=x\sin 32°, CD=x\cos 32°$.

再由四边形 $ABCD$ 的面积为 1, 得

$$1=\dfrac{1}{4}x^2\sin 62°+\dfrac{1}{4}x^2\sin 64°$$

$$x^2=\dfrac{4}{\cos 26°+\cos 28°}=\dfrac{2}{\cos 1°\cos 27°}$$

$$x=\sqrt{\dfrac{2}{\cos 1°\cos 27°}}$$

在原题的图 2(b)中可得, $y=\sqrt{\dfrac{2\cos 27°}{\cos 1°}}$.

在原题的图 2(c)中, 可得

$$2=xy\sin a°=\dfrac{2}{\cos 1°}\sin a°$$

$$\sin a°=\sin 89°=\sin 91°$$

又 $0<a<180$, 所以 $a=89$ 或 91.

(vi) ①后手必胜.

②先手必胜.

③先手必胜.

④1 006.

Ⅲ. (i) 15.

(ii) 存在.

日本第15届广中杯预赛试题
参考答案(2014年)

Ⅰ.(ⅰ)如图1所示,作 $OD \perp O'B$ 于点 D.

可得所求两条外公切线所夹的角为 $2\angle BCO' = 2\angle DOO' = 60°$,所以选 F.

(ⅱ)可求得 $2,3,4,\cdots,10$ 的最小公倍数,即 $6,7,8,9,10$ 的最小公倍数是 2 520.

设所求的数是 x,得 $2 \mid x+1, 3 \mid x+2, 4 \mid x+3, \cdots, 10 \mid x+9$.

令 $x = y + 1$,得 $2520 \mid y$,进而可得所求答案是 2 521.

(ⅲ)如图2所示,设已知球的上、下顶点及球心分别是点 A, C, O,球 O 与已知正方体的一个公共点是 R,设已知正方体上底面的中心是点 B,可得点 B 在直径 AC 上,且 $RB \perp AC$. 得 $AB = 8 - 2 = 6, RB = 1$.

又 $\angle ARC = 90°$,所以由射影定理 $BR^2 = BA \cdot BC$ 可求得 $BC = \frac{1}{6}$,所以已知球的直径 $AC = 6\frac{1}{6}$.

图3是原题中图1的过已知正方体的一个对角面 α 的截面,其中虚线圆表示所求的最小球,其一条直径在直线 AC 上.

设 H 为下底面的一个顶点(且点 H 在正方体的对角面 α 上),可得点 H 在所求的最小球面上.

在图3中,点 D 是已知正方体的下底面的中心,可得 HD 垂直于所求的最小球的直径 AE.

由已知得 $AD = 8, DH = \sqrt{2}$.

又 $\angle AHE = 90°$,所以由射影定理 $DH^2 = DA \cdot DE$ 可求得 $DE = \frac{1}{4}$,所以所求的最小球的半径是 $\frac{1}{2}\left(8 + \frac{1}{4}\right) = 4\frac{1}{8}$.

注 这道题与2013年中国高考全国新课标卷Ⅰ(理科)第6题类似,这道题及其解法是:

如图4所示,有一个水平放置的透明无盖的正方体容器,容器高 8 cm,将一个球放在容器口,再向容器内注水,当球面恰好接触水面时测得水深为 6 cm,如果不计容器的厚度,则球的体积为(　　)

A. $\frac{500\pi}{3}$ cm³ B. $\frac{866\pi}{3}$ cm³

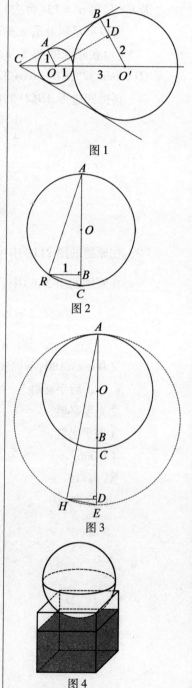

图1

图2

图3

图4

C. $\dfrac{1\,372\pi}{3}$ cm³   D. $\dfrac{2\,048\pi}{3}$ cm³

解答:设球的半径为 R,则球的截面圆的半径是 4,且球心到该截面的距离是 $R-2$,所以 $R^2 = (R-2)^2 + 4^2, R = 5$,得 $V = \dfrac{4}{3}\pi R^3 = \dfrac{500\pi}{3}$(cm³).

(iv)①有 9 类情形:

猜拳 9 局即 A 连胜 9 局,有 1 种情形;猜拳 10 局即前 9 局中 A 胜 8 败 1,有 C_9^8 种情形;猜拳 11 局即前 10 局中 A 胜 8 败 2,有 C_{10}^8 种情形;…;猜拳 17 局即前 16 局中 A 胜 8 败 8,有 C_{16}^8 种情形.

所以所求答案是

$$C_9^9 + C_9^8 + C_{10}^8 + C_{11}^8 + \cdots + C_{16}^8$$
$$= C_{10}^9 + C_{10}^8 + C_{11}^8 + \cdots + C_{16}^8$$
$$= C_{11}^9 + C_{11}^8 + \cdots + C_{16}^8 = \cdots = C_{17}^9 = 24\,310$$

②2 240.

(v)可得 $3^4 = 81 > 80 = 2^4 \times 5, 3^8 > 2^8 \times 5^2, 3^2 > 3^{\frac{1}{9}} \times 5$,所以 $3^{10} > 3^{\frac{1}{9}} \times 2^8 \times 5^3, 5^5 \times 9^5 > 3^{\frac{1}{9}} \times 10^8, 45^{45} > 3 \times 10^{72} > n^n, n < 45$

还可得 $2.3^2 > 5, 2.3^4 > 25, 2.3^5 > 50$,又 $\dfrac{100}{43} > 2.3$,所以

$$\left(\dfrac{100}{43}\right)^5 > 50, 43^5 < 2 \times 10^8$$

$$\dfrac{43^5}{10^8} < 2 = \sqrt[9]{512} < \sqrt[9]{3\,698} = \sqrt[9]{2 \times 43^2}$$

$$43^{43} < 2 \cdot 43^{72} < n^n, n > 43$$

所以 $n = 44$.

Ⅱ.(i)8 996.

(ii)3 305,3 365 等.

(iii)同第 11 届初级广中杯预赛试题Ⅹ答案.

(iv)①2.

③9.

Ⅲ. 如图 5 所示,可设

$\angle BPQ = \alpha, \angle BQP = 150° - \alpha, \angle A = \alpha - 15°,$

$\angle C = 135° - \alpha$ $(15° < \alpha < 135°)$

在 $\triangle BPQ$ 中,由正弦定理,可得 $BQ = 2\sin\alpha, BP = 2\sin(30° + \alpha)$.

在 $\triangle ABP$ 中,由正弦定理,可得 $AP = \dfrac{2\sin 15°\sin(30° + \alpha)}{\sin(\alpha - 15°)}$.

在 $\triangle BCQ$ 中,由正弦定理,可得 $CQ = \dfrac{2\sin 15°\sin\alpha}{\sin(\alpha + 45°)}$.

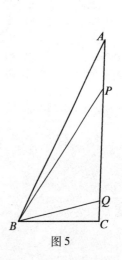

图 5

可得 $PQ=1$,所以

$$AP+CQ = \frac{2\sin 15°\sin(30°+\alpha)}{\sin(\alpha-15°)} + \frac{2\sin 15°\sin \alpha}{\sin(\alpha+45°)} = 2$$

$$\sin 15°[2\sin(30°+\alpha)\sin(\alpha+45°)+2\sin\alpha\sin(\alpha-15°)]$$
$$=2\sin(\alpha+45°)\sin(\alpha-15°)$$

$$\sin 15°[\cos 15° - \cos(2\alpha+75°) + \cos 15° - \cos(2\alpha-15°)]$$
$$=\cos 60° - \cos(2\alpha+30°)$$

$$\sin 15°\{2\cos 15° - [\cos(2\alpha+75°)+\cos(2\alpha-15°)]\}$$
$$=\sin 30° - \cos(2\alpha+30°)$$

$$\sin 30° - \sqrt{2}\sin 15°\cos(2\alpha+30°)$$
$$=\sin 30° - \cos(2\alpha+30°)$$

$$\cos(2\alpha+30°)=0$$

$$\alpha = 30°\text{或}120°$$

若 $\alpha=30°$,在 $\triangle ABC$ 中,由正弦定理,可得 $AB=2\sqrt{3}\cos 15°$, $CB=2\sqrt{3}\sin 15°$,所以可得 $S_{\triangle ABC}=\frac{3}{4}\sqrt{3}$.

若 $\alpha=120°$,在 $\triangle ABC$ 中,由正弦定理,可得 $CB=2\sqrt{3}\cos 15°$, $AB=2\sqrt{3}\sin 15°$,所以也可得 $S_{\triangle ABC}=\frac{3}{4}\sqrt{3}$.

所以 $\triangle ABC$ 的面积是 $\frac{3}{4}\sqrt{3}$.

日本第15届广中杯决赛试题参考答案(2014年)

Ⅰ.(i) 6.

(ii) 16(比如:11,1,7,14,2,10,5,15,3,9,18,6,12,4,16,8).

(iii) 考虑大于1 007 的质数有137 个.

Ⅱ.(i) 1 092.

(ii) 17 600.

Ⅲ.(i) 由 $\frac{1}{k} = \frac{1}{k+1} + \frac{1}{k(k+1)}$,可得

$$1 = \frac{1}{2} + \frac{1}{3} + \frac{1}{6} = \frac{1}{2} + \frac{1}{3} + \frac{1}{7} + \frac{1}{42}$$

$$= \frac{1}{2} + \frac{1}{3} + \frac{1}{7} + \frac{1}{43} + \frac{1}{42 \times 43} = \cdots$$

所以1 可以表示成 k 个互不相同的正整数的倒数和,其中 k 是一个任意的大于2 的正整数.

(ii) 下面证明更强的结论:任意 $k(k \geqslant 2)$ 个连续正整数的倒数和都不是正整数.

假设存在 k 个连续正整数 $n+1, n+2, \cdots, n+k(n \in \mathbf{N})$ 使得

$$S = \frac{1}{n+1} + \frac{1}{n+2} + \cdots + \frac{1}{n+k}, S \in \mathbf{N}^*$$

可得 $\frac{k}{n+1} > 1, k > n+1, k \geqslant n+2, n+k \geqslant 2(n+1)$.

显然只需证明 $n \in \mathbf{N}^*$ 时均成立即可(因为由 $n=1$ 时成立可得 $n=0$ 时也成立).

由勃兰特-切比雪夫定理(若 $m \geqslant 2, m \in \mathbf{N}^*$,则在集合 $\{x \mid m \leqslant x \leqslant 2m-2\}$ 中存在质数)知,在闭区间 $[n+1, n+k]$ 上存在质数.

设闭区间 $[n+1, n+k]$ 上的最大质数是 p,则 $n+k < 2p$(若 $n+k \geqslant 2p$,则在集合 $\{x \mid p+1 \leqslant x \leqslant 2p\}$ 中存在质数,所以在闭区间 $[n+1, n+k]$ 上也存在质数,这将与"最大质数是 p"矛盾).

所以

$$S = \frac{1}{n+1} + \frac{1}{n+2} + \cdots + \frac{1}{p} + \cdots + \frac{1}{n+k}$$

$$= \frac{\frac{(n+1)(n+2)\cdots p\cdots(n+k)}{n+1} + \cdots + \frac{(n+1)(n+2)\cdots p\cdots(n+k)}{p} + \cdots + \frac{(n+1)(n+2)\cdots p\cdots(n+k)}{n+k}}{(n+1)(n+2)\cdots p\cdots(n+k)}$$

可得最后一个分式的分子的 k 项中除 $\frac{(n+1)(n+2)\cdots p\cdots(n+k)}{p}$ 不是 p 的倍数外,其余的 $k-1$ 项均是 p 的倍数,所以这个分式的分子不是 p 的倍数;但分母是 p 的倍数,所以 S 不是整数.

前后矛盾!所以假设错误,即欲证结论成立.

(iii)由(ii)的证明立得.

Ⅳ. 如图 1 所示,联结 PQ.

可得 $\angle 5 = \angle 6 + \angle 7, \angle 2 = \angle 1, \angle 4 = \angle 3$,把它们相加后,得 $\angle APB + \angle BQC = \angle 5 + \angle 2 + \angle 4 = (\angle 6 + \angle 1) + (\angle 7 + \angle 3) = 28° + 32° = 60°$.

即 $\angle APB + \angle BQC$ 的度数是 $60°$.

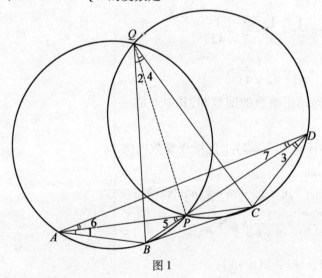

图 1

Ⅴ. (i) 15.

(ii) 存在.

日本第12届初级广中杯预赛试题参考答案（2015年）

Ⅰ．C．即证

$$2015 - \left(\frac{1}{2} + \frac{1}{3} + \frac{1}{4} + \cdots + \frac{1}{2016}\right)$$

$$< 2011 + \left(\frac{1}{2} + \frac{1}{3} + \frac{1}{4} + \cdots + \frac{1}{2010}\right)$$

$$2\left(\frac{1}{2} + \frac{1}{3} + \frac{1}{4} + \cdots + \frac{1}{2010}\right) + \frac{1}{2011} + \frac{1}{2012} + \frac{1}{2013} + \frac{1}{2014} + \frac{1}{2015} + \frac{1}{2016} < 4$$

只需证明

$$\frac{1}{2} + \frac{1}{3} + \frac{1}{4} + \cdots + \frac{1}{12} < 2 \qquad (1)$$

用分析法可证：若 a,b 均是正数，则 $\frac{1}{a} + \frac{1}{b} \geq \frac{4}{a+b}$（当且仅当 $a = b$ 时取等号）．所以

$$\frac{1}{5} + \frac{1}{7} > \frac{4}{12} > \frac{1}{4}, \frac{1}{4} + \frac{1}{5} + \frac{1}{7} > \frac{1}{4} + \frac{1}{4} = \frac{1}{2}$$

$$\frac{1}{8} + \frac{1}{12} > \frac{4}{20} = \frac{1}{5}, \frac{1}{9} + \frac{1}{11} > \frac{1}{5}$$

$$\frac{1}{8} + \frac{1}{9} + \frac{1}{10} + \frac{1}{11} + \frac{1}{12} > \frac{1}{5} + \frac{1}{5} + \frac{1}{10} = \frac{1}{2}$$

又 $\frac{1}{2} + \frac{1}{3} + \frac{1}{6} = 1$，所以可得式(1)成立，得欲证结论成立．

Ⅱ．一个月最多 31 天，所以每个月最多有一个日期表示成六位数后是 31 的倍数．

又 270 103 是 31 的倍数，进而可得

270 103 + 31 × 4 = 270 227，270 227 + 31 × 3 = 270 320

270 320 + 31 × 3 = 270 413，270 413 + 31 × 3 = 270 506

270 506 + 31 × 4 = 270 630，270 630 + 31 × 3 = 270 723

270 723 + 31 × 3 = 270 816，270 816 + 31 × 3 = 270 909

270 909 + 31 × 3 = 271 002，271 002 + 31 × 4 = 271 126

271 126 + 31 × 3 = 271 219

都是 31 的倍数,所以答案为 12.

Ⅲ. **解法 1** 所给等式,即
$$(10^3a+10^2b+10b+c)^2+(10^3c+10^2b+10b+a)^2$$
$$=10^6d+10^5b+10^4b+10^3e+10^2b+10b+d$$

展开整理后,也即
$$(10^6+1)(a^2+c^2-d)+(10^5+10)\cdot b(2a+2c-1)+$$
$$(10^4+10^2)\cdot b(2a+2b+2c-1)+10^3(4ac+4b^2-e)=0 \quad (1)$$

由所给等式的竖式加法的个位相加,得 c^2 的个位数字与 a^2 的个位数字之和是 d,所以 $a^2+c^2 \geq d$.

由所给等式的首位数字及题设可得 $a,c,d \in \{1,2,3,\cdots,9\}$,还可得 $b,e \in \{0,1,2,3,\cdots,9\}$.

所以 $b(2a+2c-1) \geq 0, b(2a+2b+2c-1) \geq 0, 4ac+4b^2-e \geq 4 \times 1 \times 2 + 4 \times 0^2 - 9 = -1$.

若 $a^2+c^2>d$,得等式(1)的左边 $\geq 10^6+1-10^3>0$,矛盾!所以 $a^2+c^2=d$,进而可得 $(a,c,d)=(1,2,5)$ 或 $(2,1,5)$.

得等式(1),即
$$(10^5+10)\cdot b(2a+2c-1)+(10^4+10^2)\cdot$$
$$b(2a+2b+2c-1)+10^3(4ac+4b^2-e)=0 \quad (2)$$

若 $b(2a+2c-1) \neq 0$,可得式(2)的左边 $\geq 10^5+10-10^3>0$,矛盾!所以 $b(2a+2c-1)=0$. 又 $2a+2c-1=2(a+c)-1 \geq 2(1+2)-1>0$,所以 $b=0$.

再由式(2),得 $e=4ac=4 \times 1 \times 2=8$.

所以所求的等式为
$$1\,002^2+2\,001^2=5\,008\,005$$
或
$$2\,001^2+1\,002^2=5\,008\,005$$

解法 2 四位数的平方是七位数或八位数,再由所给等式可得 a,c 均不超过 3,所以 $\{a,c\}=\{1,2\}$,进而可得 $d=5$.

若 $b \geq 3$,则由所给等式可得 $d>5$,所以 $b<3$. 又不同的字母表示不同的数字,所以 $b=0$.

进而可得所求的等式为
$$1\,002^2+2\,001^2=5\,008\,005$$
或
$$2\,001^2+1\,002^2=5\,008\,005$$

Ⅳ. 由 $2\,015=5 \times 13 \times 31, 155=5 \times 31, 1\,001=7 \times 11 \times 13$,可得 $155\,155=155 \times 1\,001=5 \times 31 \times 7 \times 11 \times 13=(5 \times 13 \times 31) \times (7 \times 11)$,所以 $155\,155$ 就是所求的一个答案.

The Answers of Japan's 12th Primary Hironaka Heisuke Cup Preliminary Test Paper (2015)

Ⅴ.(i) 可证 $n=91m$(m 是正整数)均满足题意:

此时,是 7 的倍数而不是 13 的倍数的个数即 $7\times1,7\times2,7\times3,\cdots,7\times13m$ 这 $13m$ 个数中去掉 13 的倍数后剩下的数的个数,为 $12m$;是 13 的倍数而不是 7 的倍数的个数即 $13\times1,13\times2,13\times3,\cdots,13\times7m$ 这 $7m$ 个数中去掉 7 的倍数后剩下的数的个数,为 $6m$. 又 $12m=6m\times2$,所以欲证结论成立,即本题的答案是"∞".

(ii) 是 14 的倍数而不是 7 的倍数的个数是 0,所以是 7 的倍数而不是 14 的倍数的个数也是 0,因而 $n=1,2,3,4,5$ 或 6. 所以本题的答案是 6.

(iii) 题意即求方程 $\left[\dfrac{n}{7}\right]-\left[\dfrac{\left[\dfrac{n}{7}\right]}{15}\right]=2\left[\dfrac{n}{15}\right]-2\left[\dfrac{\left[\dfrac{n}{15}\right]}{7}\right]$ 的正整数解的个数.

当 $n=105k(k\in\mathbf{N}^*)$ 时,方程即 $15k-k=2\times7k-2k, k=0$ ($k\in\mathbf{N}^*$),该方程无解.

当 $n=105k+j(j=1,2,3,\cdots,104)(k\in\mathbf{N})$ 时

$$\left[\dfrac{n}{7}\right]=15k+\left[\dfrac{j}{7}\right],\left[\dfrac{n}{15}\right]=7k+\left[\dfrac{j}{15}\right]$$

$$\left[\dfrac{\left[\dfrac{n}{7}\right]}{15}\right]=k+\left[\dfrac{\left[\dfrac{j}{7}\right]}{15}\right]=k$$

(因为 $0<\dfrac{j}{7}<15$,所以 $0\leqslant\left[\dfrac{j}{7}\right]\leqslant14,\left[\dfrac{\left[\dfrac{j}{7}\right]}{15}\right]=0$)

$$\left[\dfrac{\left[\dfrac{n}{15}\right]}{7}\right]=k+\left[\dfrac{\left[\dfrac{j}{15}\right]}{7}\right]=k$$

(因为 $0<\dfrac{j}{15}<7$,所以 $0\leqslant\left[\dfrac{j}{15}\right]\leqslant6,\left[\dfrac{\left[\dfrac{j}{15}\right]}{7}\right]=0$)

所以原方程即

$$15k+\left[\dfrac{j}{7}\right]-k=2\left(7k+\left[\dfrac{j}{15}\right]\right)-2k$$

$\left[\dfrac{j}{7}\right]=2\left[\dfrac{j}{15}\right]-2k$ ($j=1,2,3,\cdots,104;k\in\mathbf{N}$)(所以 $\left[\dfrac{j}{7}\right]$ 是偶数)

(1)

若 $\left[\dfrac{j}{15}\right]=0$,由(1)得 $\left[\dfrac{j}{7}\right]=0$ 且 $k=0$,所以 $n=1,2,3,4,5,6$.

若 $\left[\dfrac{j}{15}\right]\neq0$,得 $j=15,16,17,\cdots,104$ 且 $\left[\dfrac{j}{7}\right]=2l(l=1,2,3,4,$

5,6,7).

当 $l=1$ 即 $j=15,16,17,18,19,20$ 时,由(1)得 $k=0$,所以 $n=15,16,17,18,19,20$.

当 $l=2$ 即 $j=28,29,30,31,32,33,34$ 时:

又当 $j=28,29$ 时,由(1)得 $4=2-2k,k=-1(k\in\mathbf{N})$,不成立,即此时 n 不存在.

又当 $j=30,31,32,33,34$ 时,由(1)得 $4=4-2k,k=0(k\in\mathbf{N})$,所以 $n=30,31,32,33,34$.

当 $l=3$ 即 $j=42,43,44,45,46,47,48$ 时,由(1)可得 $j=45,46,47,48$ 且 $k=0$,所以 $n=45,46,47,48$.

当 $l=4$ 即 $j=56,57,58,59,60,61,62$ 时,由(1)可得 $j=60,61,62$ 且 $k=0$,所以 $n=60,61,62$.

当 $l=5$ 即 $j=70,71,72,73,74,75,76$ 时,由(1)可得 $j=75,76$ 且 $k=0$,所以 $n=75,76$.

当 $l=6$ 即 $j=84,85,86,87,88,89,90$ 时,由(1)可得 $j=90$ 且 $k=0$,所以 $n=90$.

当 $l=7$ 即 $j=98,99,100,101,102,103,104$ 时,可得(1)不成立,即此时 n 不存在.

综上所述,可得 $n=1,2,3,4,5,6,15,16,17,18,19,20,30,31,32,33,34,45,46,47,48,60,61,62,75,76,90$,得 n 的个数是 27,即本题的答案是 27.

Ⅵ. 336.

Ⅶ. 解法 1 如图 1 所示,可设 $BQ=x, AP=2x, PQ=50-3x$ $\left(0<x<\dfrac{50}{3}\right)$.

在 $\triangle ACP$, $\triangle BCQ$ 中分别运用余弦定理,可得
$$CP=\sqrt{4x^2-128x+1\,600}, CQ=\sqrt{x^2-36x+900}$$

再在 $\triangle CPQ$ 中运用余弦定理,可得
$$136x-4x^2=\sqrt{2}\cdot\sqrt{4x^2-128x+1\,600}\cdot\sqrt{x^2-36x+900} \quad (1)$$
$$x^4-68x^3-140x^2+43\,200x-360\,000=0$$
$$(x-10)(x^3-58x^2-720x+36\,000)=0$$
$$(x-10)(x-60)(x^2+2x-600)=0$$

由 $0<x<\dfrac{50}{3}$,得 $x=10$.

还可检验 $x=10$ 是方程(1)的根,所以 $PQ=50-3x=20$,即线段 PQ 的长度是 20.

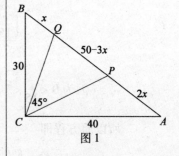

图 1

日本第12届初级广中杯预赛试题参考答案(2015年)
The Answers of Japan's 12th Primary Hironaka Heisuke Cup Preliminary Test Paper(2015)

解法 2 如图 2 所示,可设 $BQ = x$, $AP = 2x$, $PQ = 50 - 3x$ $\left(0 < x < \dfrac{50}{3}\right)$;还可设 $\angle BCQ = \alpha$, $\angle ACP = 45° - \alpha(0° < \alpha < 45°)$.

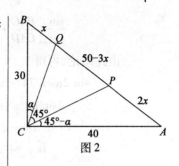

图 2

在 $\triangle ACP$, $\triangle BCQ$ 中分别运用正弦定理,可得

$$\dfrac{2x}{\sin(45° - \alpha)} = \dfrac{40}{\sin(45° - \alpha + A)}, \dfrac{x}{\sin \alpha} = \dfrac{30}{\sin(\alpha + B)}$$

可得

$$3\sin^2 \alpha + 23\sin \alpha \cos \alpha - 8\cos^2 \alpha = 0 \quad (0° < \alpha < 45°)$$

$$\tan \alpha = \dfrac{1}{3}, \sin \alpha = \dfrac{1}{\sqrt{10}}, \cos \alpha = \dfrac{3}{\sqrt{10}}, \sin(\alpha + B) = \dfrac{3}{\sqrt{10}}.$$

注 由此还可得本题的一个伴随结论——$(\alpha + B) + \alpha = 90°$,即 $\angle A = 2\alpha = 2\angle BCQ$.

再由 $\dfrac{x}{\sin \alpha} = \dfrac{30}{\sin(\alpha + B)}$,可得 $x = 10$,所以 $PQ = 50 - 3x = 20$,即线段 PQ 的长度是 20.

Ⅷ. 4.

Ⅸ. 567.

Ⅹ. 可如图 3 所示,建立平面直角坐标系.

设正方形 $ABCD$ 的边长为 6,可得如图 4 所示标注的点的坐标.

进而可得直线 $EF: y = \dfrac{2}{3}x + 4$, $DG: y = 2x - 6$.

又扇形弧 $APQC$ 的方程是 $x^2 + y^2 = 6^2 (x \geq 0, y \geq 0)$,进而可求得 $P\left(\dfrac{30}{13}, \dfrac{72}{13}\right)$, $Q\left(\dfrac{24}{5}, \dfrac{18}{5}\right)$.

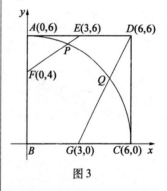

图 3

所以可得本题的答案是:

(i) $EP:PF = \dfrac{x_E - x_P}{x_P - x_F} = \dfrac{3 - \dfrac{30}{13}}{\dfrac{30}{13} - 0} = \dfrac{3}{10}$.

(ii) $DQ:QG = \dfrac{y_D - y_Q}{y_Q - y_G} = \dfrac{6 - \dfrac{18}{5}}{\dfrac{18}{5} - 0} = \dfrac{2}{3}$.

Ⅺ. 如图 4 所示,由 $BC = BD$, $\angle CBD = 28°$,得 $\angle BDC = \angle BCD = 76°$.

由题设知,可设 $\angle ACB = \alpha$, $\angle ACD = 76° - \alpha$, $\angle CAD = \alpha - 2°$, $\angle BAC = 180° - 2\alpha$, $\angle ABD = \alpha - 28°(28° < \alpha < 76°)$.

由正弦定理易证(这个结论叫作角元塞瓦定理的另一种形式)

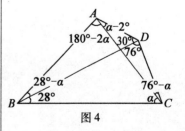

图 4

$$\frac{\sin\angle BAC}{\sin\angle CAD}\cdot\frac{\sin\angle ADC}{\sin\angle BDC}\cdot\frac{\sin\angle CBD}{\sin\angle ABC}=1$$

由此结论,可得

$$\sin 2\alpha\sin 74°\sin 28°=\sin(\alpha-2°)\sin 76°\sin\alpha$$

$$2\sin\alpha\cos\alpha\cdot\cos 16°\cdot 2\sin 14°\cos 14°$$

$$=(\sin\alpha\cos 2°+\cos\alpha\sin 2°)\cos 14°\sin\alpha$$

$$\tan\alpha=\frac{4\sin 14°\cos 16°+\sin 2°}{\cos 2°}$$

$$=\frac{2(\sin 30°-\sin 2°)+\sin 2°}{\cos 2°}=\frac{1-\sin 2°}{\cos 2°}$$

$$=\frac{1-\cos 88°}{\sin 88°}=\frac{2\sin^2 44°}{2\sin 44°\cos 44°}=\tan 44°$$

再由 $28°<\alpha<76°$,得 $\alpha=44°$.

所以 $\angle BAD=178°-\alpha=134°$,即 $\angle BAD$ 的度数是 $134°$.

日本第12届初级广中杯决赛试题
参考答案(2015年)

Ⅰ.(i) 一个答案如图1所示(行驶这五段路程的时间和是 $\frac{7}{4}+\frac{7}{4}+1+\frac{3}{2}+1=7$ 秒).

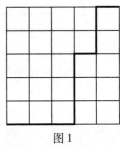

图1

(ii) 12.

(iii) 3 012.

Ⅱ.(i) 如图2所示,建立平面直角坐标系 xBy,可设 $BC=1$,$\angle BCQ=\angle ACQ=\alpha(0°<\alpha<45°)$.

可得 $\angle AQP=\angle BQC=90°-\alpha$,所以直线 QP,QC 关于 y 轴对称,所以它们的斜率互为相反数,得 $k_{PQ}=\tan\alpha$.

由 $C(1,0),A(0,\tan 2\alpha)$,得直线 AC 的方程是 $x+\dfrac{y}{\tan 2\alpha}=1$,直线 BP 的方程是 $y=x$,所以 $P\left(\dfrac{2\tan\alpha}{1+2\tan\alpha-\tan^2\alpha},\dfrac{2\tan\alpha}{1+2\tan\alpha-\tan^2\alpha}\right)$.

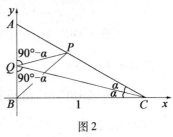

图2

还可得 $Q(0,\tan\alpha)$,所以

$$k_{PQ}=\dfrac{\dfrac{2\tan\alpha}{1+2\tan\alpha-\tan^2\alpha}-\tan\alpha}{\dfrac{2\tan\alpha}{1+2\tan\alpha-\tan^2\alpha}-0}=\tan\alpha \quad (0°<\alpha<45°)$$

$$\tan\alpha=2\pm\sqrt{3} \quad (0°<\alpha<45°)$$

$$\alpha=15°$$

所以 $\angle A=90°-2\alpha$,$\angle APQ=3\alpha=45°$,即 $\angle APQ$ 的度数是 $45°$.

(ii) ① 4.

② 192.

(iii) 如图3所示,由题设知,可设 $BP=1,AP=3,\angle BAP=\alpha$,$\angle PAC=\angle CAD=\angle PCA=\alpha,\angle APB=4\alpha,\angle B=180°-5\alpha(0°<\alpha<36°)$.

还得 $PC=PA=3,PQ\perp AC$.

在 $\triangle ABP$ 中,由正弦定理 $\dfrac{AP}{\sin B}=\dfrac{BP}{\sin\angle BAP}$,得 $\sin 5\alpha=3\sin\alpha$.

又 $\sin 5\alpha=\sin(3\alpha+2\alpha)=\cdots=16\sin^5\alpha-20\sin^3\alpha+5\sin\alpha$,所

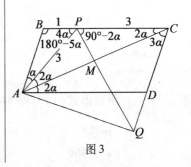

图3

以可得

$$\sin^2\alpha = \frac{5-\sqrt{17}}{8}$$

$$\cos 2\alpha = 1 - 2\sin^2\alpha = \frac{\sqrt{17}-1}{4}$$

$$\cos 4\alpha = 2\cos^2 2\alpha - 1 = \frac{5-\sqrt{17}}{4}$$

$$\frac{\sin 4\alpha \cos 3\alpha}{3\sin\alpha\cos 2\alpha} = \frac{4\sin\alpha\cos\alpha\cos 2\alpha\cos 3\alpha}{3\sin\alpha\cos 2\alpha}$$

$$= \frac{2}{3}\cdot 2\cos\alpha\cos 3\alpha$$

$$= \frac{2}{3}(\cos 4\alpha + \cos 2\alpha)$$

$$= \frac{2}{3} \qquad (1)$$

在 $\triangle ABP$ 中，由正弦定理 $\frac{AP}{\sin B} = \frac{AB}{\sin\angle APB}$，得 $AB\sin 5\alpha = 3\sin 4\alpha$.

在 $\triangle ABC$ 中，由正弦定理 $\frac{AC}{\sin B} = \frac{AB}{\sin\angle ACB}$，得 $AB\sin 5\alpha = AC\sin 2\alpha$.

所以 $AC\sin 2\alpha = 3\sin 4\alpha, AC = 6\cos 2\alpha$.

在 $\triangle CPQ$ 中，可得 $\angle CPQ = 90° - 2\alpha$，$\angle PCQ = \angle BAD = 5\alpha$，所以 $\angle CQP = \angle BAD = 90° - 3\alpha$.

在 $\triangle CPQ$ 中，由正弦定理 $\frac{CP}{\sin\angle CQP} = \frac{CQ}{\sin\angle CPQ}$，得 $CQ = \frac{3\cos 2\alpha}{\cos 3\alpha}$.

在 $\triangle ACQ$ 中，$AC = 6\cos 2\alpha, CQ = \frac{3\cos 2\alpha}{\cos 3\alpha}$，$\angle ACQ = 3\alpha$，由余弦定理可得 $AQ = \frac{3\cos 2\alpha}{\cos 3\alpha}$.

在 $\triangle ABP$ 中，由正弦定理 $\frac{AB}{\sin\angle APB} = \frac{BP}{\sin\angle BAP}$，得 $AB = \frac{\sin 4\alpha}{\sin\alpha}$.

所以由式(1)可得 $AB:AQ = \frac{2}{3}$.

(iv) 72.

(v) 1 309.

1 309 = 7×11×17 有 4 个约数 7,11,17,77 均不小于 2 且均不大于 99,这 4 个约数各数位上的数字是 1 或 7.

(vi) 如图 4 所示,设长椅在点 A 处,约翰的步行速度是 x m/min.

设三人第一次在点 B 处相遇,此时约翰和花子步行的路程都是弧 $\widehat{AmB}$ 的长度 $\dfrac{1\,000x}{x+80}$ m,万次郎步行的路程都是弧 $\widehat{AnB}$ 的长度 $\dfrac{1\,000\times 80}{x+80}$ m.

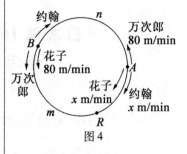

图 4

又设三人第二次在点 R 处相遇,此时万次郎和花子步行的路程都是弧 $\widehat{BmR}$ 的长度 $\dfrac{1\,000\times 80}{x+80}$ m,约翰步行的路程都是弧 $\widehat{BnR}$ 的长度 $\dfrac{1\,000x}{x+80}$ m.

完成了这两次相遇后,称为完成了一个轮回.

每一个轮回中,花子共走的路程是 $\dfrac{1\,000x}{x+80} + \dfrac{1\,000\times 80}{x+80} = 1\,000$ m.

由题设"三人从长椅的位置一起出发,花子从最初长椅的位置出发到下一次经过长椅的位置时共走了 3 560 m"知,花子共走了三个半轮回,最后半个轮回走了 560 m,即

$$\dfrac{1\,000x}{x+80} = 560$$

$$x = 101\dfrac{9}{11}$$

所以约翰步行的速度是每分钟 $101\dfrac{9}{11}$ m.

注 所给答案是 107.5,笔者认为不对.

Ⅲ.(i) C.

(ii) 61 150.

日本第16届广中杯预赛试题
参考答案(2015年)

Ⅰ.(i)同第12届初级广中杯预赛试题Ⅰ答案.

(ii)如图1所示,建立平面直角坐标系 xOy,得 $D\left(4,\dfrac{5}{2}\right)$.

可设 $EF=5k, FG=8k(0<k<1)$,得 $H\left(4k,\dfrac{5}{2}+5k\right)$.

再由点 H 在矩形 $ABCD$ 的外接圆 $x^2+y^2=\dfrac{89}{4}$ 上,可求得 $k=\dfrac{16}{41}$.

所以 $EH=FG=8k=\dfrac{128}{41}$,即边 EH 的长度是 $\dfrac{128}{41}$.

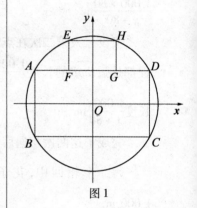

图1

(iii)126.

(iv)如图2所示,过点 A 作圆 D 的切线 MN,则 $\triangle ABC$ 除点 A 外与圆 D 在切线 MN 的两侧.

设 $\angle DAC=\theta$,则 $\angle NAC=\theta-90°\geqslant 0°$,$\angle NAB=\theta-90°+150°=\theta+60°$,$\angle MAB=180°-\angle NAB=120°-\theta\geqslant 0°$,得 $90°\leqslant\theta\leqslant 120°$.

在 $\triangle ACD$ 中,由余弦定理可求得 $CD^2=17-8\cos\theta$,所以 $17\leqslant CD^2\leqslant 21$.

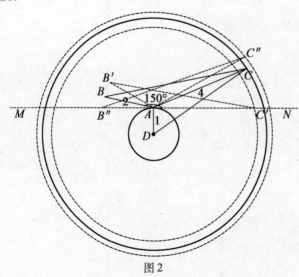

图2

所以点 C 所能扫过的区域是以点 D 为圆心,半径分别为 $\sqrt{17}$,$\sqrt{21}$ 的两个圆组成的圆环(即图 2 中的两个虚线圆组成的圆环),所以其面积 S 是 $(21-17)\pi = 4\pi$.

(v) 由 $xy^3 = 430\,0\blacksquare 0$,得 $2 \mid xy^3$ 且 $5 \mid xy^3$,所以 $2 \mid xy$ 且 $5 \mid xy$,得 $10 \mid xy$.

再由 $x^2 y = 176\,40\square$,得 $\square$ 代表 0.

由 $xy^3 = 430\,0\blacksquare 0 < 438\,976 = 76^3$,得 $y \leq 75$.

又 $176\,400 = (2^2 \times 5 \times 21)^2 = x^2 y \leq 75 x^2$,$x^2 \geq 2\,352 > 2\,304 = 48^2$,$x \geq 49$,可得 $x \mid 2^2 \times 5 \times 21$,所以

$(x,y) = (84,25),(105,16),(210,4)$ 或 $(420,1)$

再得 xy^3 的值分别为 $1\,312\,500$,$430\,080$,$13\,440$,420.

所以 x 和 y 的值分别为 105 和 16.

Ⅱ. (i) 同第 12 届初级广中杯预赛试题 V 答案.

(ii) $\dfrac{2}{3}$.

(iii) 由 $\sqrt{x} : \sqrt{y} : \sqrt{z} = \dfrac{1}{\sqrt{y}} : \dfrac{2}{\sqrt{z}} : \dfrac{3}{\sqrt{x}}$,得 $\dfrac{\sqrt{x}}{\frac{1}{\sqrt{y}}} = \dfrac{\sqrt{y}}{\frac{2}{\sqrt{z}}} = \dfrac{\sqrt{z}}{\frac{3}{\sqrt{x}}}$,$\sqrt{xy} = \dfrac{\sqrt{yz}}{2} = \dfrac{\sqrt{xz}}{3}$,所以 $x = \dfrac{z}{4}$,$y = \dfrac{z}{9}$.

再由 $x + y + z = 1$,可得 $z = \dfrac{36}{49}$.

(iv) 37.

Ⅲ. $\dfrac{32}{5}$.

日本第16届广中杯决赛试题参考答案(2015年)

Ⅰ.同第12届初级广中杯决赛试题Ⅰ答案.

Ⅱ.(i)可得

$$200\,001^5 = (2 \times 10^5 + 1)^5$$
$$= (2 \times 10^5)^5 + 5(2 \times 10^5)^4 + 10(2 \times 10^5)^3 +$$
$$10(2 \times 10^5)^2 + 5(2 \times 10^5) + 1$$
$$= 3 \times 10^{26} + 2 \times 10^{25} + 8 \times 10^{21} + 8 \times 10^{16} +$$
$$4 \times 10^{11} + 10^6 + 1$$
$$= 3\,200\,800\,080\,004\,000\,100\,001$$

所以 $200\,001^5$ 的各位数字之和为 $3+2+8+8+4+1+1=27$.

(ii)可得

$$199\,999^5 = (2 \times 10^5 - 1)^5$$
$$= (2 \times 10^5)^5 - 5(2 \times 10^5)^4 + 10(2 \times 10^5)^3 -$$
$$10(2 \times 10^5)^2 + 5(2 \times 10^5) - 1$$
$$= 32 \times 10^{25} - 8 \times 10^{21} + 8 \times 10^{16} - 4 \times 10^{11} + 10^6 - 1$$
$$= (32 \times 10^4 - 8) \times 10^{21} + (8 \times 10^5 - 4) \times 10^{11} + (10^6 - 1)$$
$$= 319\,992 \times 10^{21} + 799\,996 \times 10^{11} + 999\,999$$
$$= 3\,199\,920\,000\,799\,996\,000\,009\,999\,999$$

所以可求得 $199\,999^5$ 的各位数字之和为 136.

(iii)可得

$$2\,121.12^5 + 8\,888.88^5$$
$$= (11\,010 - 8\,888.88)^5 + 8\,888.88^5$$
$$= 11\,010^5 - 5 \times 11\,010^4 \times 8\,888.88 + 10 \cdot 11\,010^3 \times 8\,888.88^2 -$$
$$10 \times 11\,010^2 \times 8\,888.88^3 + 5 \times 11\,010 \times 8\,888.88^4$$
$$= 11\,010^5 - 5 \times 1\,101^4 \times 88\,888\,800 + 1\,101^3 \times 888\,888^2 - 1\,101^2 \times$$
$$88\,888.8^3 + 1\,101 \times 44\,444 \times 8\,888.88^3$$

所以在 $2\,121.12^5 + 8\,888.88^5$ 的计算结果中,小数点后有 6 位小数.

(iv)可得

$$2\,121.12^6 + 8\,888.88^6$$

$$= (11\,010 - 8\,888.88)^6 + 8\,888.88^6$$
$$= 11\,010^6 - 6 \times 11\,010^5 \times 8\,888.88 + 15 \times 11\,010^4 \times 8\,888.88^2 -$$
$$20 \times 11\,010^3 \times 8\,888.88^3 + 15 \times 11\,010^2 \times 8\,888.88^4 -$$
$$6 \times 11\,010 \times 8\,888.88^5 + 2 \times 8\,888.88^6$$

由上式的最后一项 $2 \times 8\,888.88^6$ 的计算结果是 12 位小数知，前面各项的计算结果的小数位数均小于 12，所以在 $2\,121.12^6 + 8\,888.88^6$ 的计算结果中，小数点后有 12 位小数.

(iv)的**另解** 可得 $2\,121.12^6$ 与 $8\,888.88^6$ 的计算结果均是 12 位小数，且末位均是 4，所以在 $2\,121.12^6 + 8\,888.88^6$ 的计算结果中，小数点后有 12 位小数，且末位均是 8.

Ⅲ. (i) 不是 712 的三位数有 899 个，其中百位不是 7 且十位不是 1 且个位不是 2 的三位数有 $8 \times 9 \times 9 = 648$ 个，所以所求答案为 $899 - 648 = 251$.

(ii) 和 712 是二次友人数的三位数有三类：? 12 型的有 8 个，7 ? 2 型的有 9 个，71 ? 型的有 9 个. 所以所求答案为 $8 + 9 + 9 = 26$.

(iii) 100.

(iv) 10.

Ⅳ. 由正弦定理和余弦定理，可分别证得
$$b\sin C = c\sin B \tag{1}$$
$$ac\cos B - ab\cos C = c^2 - b^2 \tag{2}$$

如图 1 所示，由题设可设 $\angle BAP = \angle PAQ = \angle QAC = \alpha$.
在 $\triangle ABP$，$\triangle ACQ$ 中，分别用正弦定理，可得
$$BP = \frac{c\sin \alpha}{\sin(\alpha + B)}, CQ = \frac{b\sin \alpha}{\sin(\alpha + C)}$$

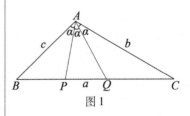

图 1

所以
$$\frac{c^2}{BP} - \frac{b^2}{CQ} = \frac{c^2 - b^2}{a}$$
$$\Leftrightarrow \frac{c\sin(\alpha + B)}{\sin \alpha} - \frac{b\sin(\alpha + C)}{\sin \alpha} = \frac{c^2 - b^2}{a}$$
$$\Leftrightarrow c\cos B + c\cot \alpha \sin B - b\cos C - b\cot \alpha \sin C = \frac{c^2 - b^2}{a}$$
$$\Leftrightarrow (ac\cos B - ab\cos C) + a\cot \alpha (c\sin B - b\sin C) = c^2 - b^2$$

再由(1)(2)可知 $\frac{c^2}{BP} - \frac{b^2}{CQ} = \frac{c^2 - b^2}{a}$.

在 $\triangle ABQ$，$\triangle ACP$ 中，分别用正弦定理，可得
$$BQ = \frac{c\sin 2\alpha}{\sin(2\alpha + B)}, CP = \frac{b\sin 2\alpha}{\sin(2\alpha + C)}$$

所以

$$\frac{c^2}{BQ} - \frac{b^2}{CP} = \frac{c^2-b^2}{a}$$

$$\Leftrightarrow \frac{c\sin(2\alpha+B)}{\sin 2\alpha} - \frac{b\sin(2\alpha+C)}{\sin 2\alpha} = \frac{c^2-b^2}{a}$$

$$\Leftrightarrow c\cos B + c\cot 2\alpha \sin B - b\cos C - b\cot 2\alpha \sin C = \frac{c^2-b^2}{a}$$

$$\Leftrightarrow (ac\cos B - ab\cos C) + a\cot 2\alpha(c\sin B - b\sin C) = c^2 - b^2$$

再由(1)(2)可知 $\dfrac{c^2}{BQ} - \dfrac{b^2}{CP} = \dfrac{c^2-b^2}{a}$.

所以欲证结论成立.

V.36.

哈尔滨工业大学出版社刘培杰数学工作室
已出版(即将出版)图书目录

书　名	出版时间	定　价	编号
新编中学数学解题方法全书(高中版)上卷	2007—09	38.00	7
新编中学数学解题方法全书(高中版)中卷	2007—09	48.00	8
新编中学数学解题方法全书(高中版)下卷(一)	2007—09	42.00	17
新编中学数学解题方法全书(高中版)下卷(二)	2007—09	38.00	18
新编中学数学解题方法全书(高中版)下卷(三)	2010—06	58.00	73
新编中学数学解题方法全书(初中版)上卷	2008—01	28.00	29
新编中学数学解题方法全书(初中版)中卷	2010—07	38.00	75
新编中学数学解题方法全书(高考复习卷)	2010—01	48.00	67
新编中学数学解题方法全书(高考真题卷)	2010—01	38.00	62
新编中学数学解题方法全书(高考精华卷)	2011—03	68.00	118
新编平面解析几何解题方法全书(专题讲座卷)	2010—01	18.00	61
新编中学数学解题方法全书(自主招生卷)	2013—08	88.00	261
数学眼光透视	2008—01	38.00	24
数学思想领悟	2008—01	38.00	25
数学应用展观	2008—01	38.00	26
数学建模导引	2008—01	28.00	23
数学方法溯源	2008—01	38.00	27
数学史话览胜	2008—01	28.00	28
数学思维技术	2013—09	38.00	260
从毕达哥拉斯到怀尔斯	2007—10	48.00	9
从迪利克雷到维斯卡尔迪	2008—01	48.00	21
从哥德巴赫到陈景润	2008—05	98.00	35
从庞加莱到佩雷尔曼	2011—08	138.00	136
数学奥林匹克与数学文化(第一辑)	2006—05	48.00	4
数学奥林匹克与数学文化(第二辑)(竞赛卷)	2008—01	48.00	19
数学奥林匹克与数学文化(第二辑)(文化卷)	2008—07	58.00	36'
数学奥林匹克与数学文化(第三辑)(竞赛卷)	2010—01	48.00	59
数学奥林匹克与数学文化(第四辑)(竞赛卷)	2011—08	58.00	87
数学奥林匹克与数学文化(第五辑)	2015—06	98.00	370

哈尔滨工业大学出版社刘培杰数学工作室
已出版(即将出版)图书目录

书 名	出版时间	定 价	编号
世界著名平面几何经典著作钩沉——几何作图专题卷(上)	2009—06	48.00	49
世界著名平面几何经典著作钩沉——几何作图专题卷(下)	2011—01	88.00	80
世界著名平面几何经典著作钩沉(民国平面几何老课本)	2011—03	38.00	113
世界著名平面几何经典著作钩沉(建国初期平面三角老课本)	2015—08	38.00	507
世界著名解析几何经典著作钩沉——平面解析几何卷	2014—01	38.00	264
世界著名数论经典著作钩沉(算术卷)	2012—01	28.00	125
世界著名数学经典著作钩沉——立体几何卷	2011—02	28.00	88
世界著名三角学经典著作钩沉(平面三角卷Ⅰ)	2010—06	28.00	69
世界著名三角学经典著作钩沉(平面三角卷Ⅱ)	2011—01	38.00	78
世界著名初等数论经典著作钩沉(理论和实用算术卷)	2011—07	38.00	126
发展空间想象力	2010—01	38.00	57
走向国际数学奥林匹克的平面几何试题诠释(上、下)(第1版)	2007—01	68.00	11,12
走向国际数学奥林匹克的平面几何试题诠释(上、下)(第2版)	2010—02	98.00	63,64
平面几何证明方法全书	2007—08	35.00	1
平面几何证明方法全书习题解答(第1版)	2005—10	18.00	2
平面几何证明方法全书习题解答(第2版)	2006—12	18.00	10
平面几何天天练上卷·基础篇(直线型)	2013—01	58.00	208
平面几何天天练中卷·基础篇(涉及圆)	2013—01	28.00	234
平面几何天天练下卷·提高篇	2013—01	58.00	237
平面几何专题研究	2013—07	98.00	258
最新世界各国数学奥林匹克中的平面几何试题	2007—09	38.00	14
数学竞赛平面几何典型题及新颖解	2010—07	48.00	74
初等数学复习及研究(平面几何)	2008—09	58.00	38
初等数学复习及研究(立体几何)	2010—06	38.00	71
初等数学复习及研究(平面几何)习题解答	2009—01	48.00	42
几何学教程(平面几何卷)	2011—03	68.00	90
几何学教程(立体几何卷)	2011—07	68.00	130
几何变换与几何证题	2010—06	88.00	70
计算方法与几何证题	2011—06	28.00	129
立体几何技巧与方法	2014—04	88.00	293
几何瑰宝——平面几何500名题暨1000条定理(上、下)	2010—07	138.00	76,77
三角形的解法与应用	2012—07	18.00	183
近代的三角形几何学	2012—07	48.00	184
一般折线几何学	2015—08	48.00	203
三角形的五心	2009—06	28.00	51
三角形的六心及其应用	2015—10	68.00	542
三角形趣谈	2012—08	28.00	212
解三角形	2014—01	28.00	265
三角学专门教程	2014—09	28.00	387

哈尔滨工业大学出版社刘培杰数学工作室
已出版(即将出版)图书目录

书　名	出版时间	定　价	编号
距离几何分析导引	2015—02	68.00	446
圆锥曲线习题集(上册)	2013—06	68.00	255
圆锥曲线习题集(中册)	2015—01	78.00	434
圆锥曲线习题集(下册)	即将出版		
近代欧氏几何学	2012—03	48.00	162
罗巴切夫斯基几何学及几何基础概要	2012—07	28.00	188
罗巴切夫斯基几何学初步	2015—06	28.00	474
用三角、解析几何、复数、向量计算解数学竞赛几何题	2015—03	48.00	455
美国中学几何教程	2015—04	88.00	458
三线坐标与三角形特征点	2015—04	98.00	460
平面解析几何方法与研究(第1卷)	2015—05	18.00	471
平面解析几何方法与研究(第2卷)	2015—06	18.00	472
平面解析几何方法与研究(第3卷)	2015—07	18.00	473
解析几何研究	2015—01	38.00	425
解析几何学教程.上	2016—01	38.00	574
解析几何学教程.下	2016—01	38.00	575
几何学基础	2016—01	58.00	581
初等几何研究	2015—02	58.00	444
俄罗斯平面几何问题集	2009—08	88.00	55
俄罗斯立体几何问题集	2014—03	58.00	283
俄罗斯几何大师——沙雷金论数学及其他	2014—01	48.00	271
来自俄罗斯的5000道几何习题及解答	2011—03	58.00	89
俄罗斯初等数学问题集	2012—05	38.00	177
俄罗斯函数问题集	2011—03	38.00	103
俄罗斯组合分析问题集	2011—01	48.00	79
俄罗斯初等数学万题选——三角卷	2012—11	38.00	222
俄罗斯初等数学万题选——代数卷	2013—08	68.00	225
俄罗斯初等数学万题选——几何卷	2014—01	68.00	226
463个俄罗斯几何老问题	2012—01	28.00	152
超越吉米多维奇.数列的极限	2009—11	48.00	58
超越普里瓦洛夫.留数卷	2015—01	28.00	437
超越普里瓦洛夫.无穷乘积与它对解析函数的应用卷	2015—05	28.00	477
超越普里瓦洛夫.积分卷	2015—06	18.00	481
超越普里瓦洛夫.基础知识卷	2015—06	28.00	482
超越普里瓦洛夫.数项级数卷	2015—07	38.00	489
初等数论难题集(第一卷)	2009—05	68.00	44
初等数论难题集(第二卷)(上、下)	2011—02	128.00	82,83
数论概貌	2011—03	18.00	93
代数数论(第二版)	2013—08	58.00	94
代数多项式	2014—06	38.00	289
初等数论的知识与问题	2011—02	28.00	95
超越数论基础	2011—03	28.00	96
数论初等教程	2011—03	28.00	97
数论基础	2011—03	18.00	98
数论基础与维诺格拉多夫	2014—03	18.00	292

哈尔滨工业大学出版社刘培杰数学工作室
已出版(即将出版)图书目录

书 名	出版时间	定 价	编号
解析数论基础	2012—08	28.00	216
解析数论基础(第二版)	2014—01	48.00	287
解析数论问题集(第二版)(原版引进)	2014—05	88.00	343
解析数论问题集(第二版)(中译本)	2016—04	88.00	607
数论入门	2011—03	38.00	99
代数数论入门	2015—03	38.00	448
数论开篇	2012—07	28.00	194
解析数论引论	2011—03	48.00	100
Barban Davenport Halberstam 均值和	2009—01	40.00	33
基础数论	2011—03	28.00	101
初等数论 100 例	2011—05	18.00	122
初等数论经典例题	2012—07	18.00	204
最新世界各国数学奥林匹克中的初等数论试题(上、下)	2012—01	138.00	144,145
初等数论(Ⅰ)	2012—01	18.00	156
初等数论(Ⅱ)	2012—01	18.00	157
初等数论(Ⅲ)	2012—01	28.00	158
平面几何与数论中未解决的新老问题	2013—01	68.00	229
代数数论简史	2014—11	28.00	408
代数数论	2015—09	88.00	532
数论导引提要及习题解答	2016—01	48.00	559
谈谈素数	2011—03	18.00	91
平方和	2011—03	18.00	92
复变函数引论	2013—10	68.00	269
伸缩变换与抛物旋转	2015—01	38.00	449
无穷分析引论(上)	2013—04	88.00	247
无穷分析引论(下)	2013—04	98.00	245
数学分析	2014—04	28.00	338
数学分析中的一个新方法及其应用	2013—01	38.00	231
数学分析例选:通过范例学技巧	2013—01	88.00	243
高等代数例选:通过范例学技巧	2015—06	88.00	475
三角级数论(上册)(陈建功)	2013—01	38.00	232
三角级数论(下册)(陈建功)	2013—01	48.00	233
三角级数论(哈代)	2013—06	48.00	254
三角级数	2015—07	28.00	263
超越数	2011—03	18.00	109
三角和方法	2011—03	18.00	112
整数论	2011—05	38.00	120
从整数谈起	2015—10	28.00	538
随机过程(Ⅰ)	2014—01	78.00	224
随机过程(Ⅱ)	2014—01	68.00	235
算术探索	2011—12	158.00	148
组合数学	2012—04	28.00	178
组合数学浅谈	2012—03	28.00	159
丢番图方程引论	2012—03	48.00	172
拉普拉斯变换及其应用	2015—02	38.00	447
高等代数.上	2016—01	38.00	548
高等代数.下	2016—01	38.00	549
高等代数教程	2016—01	58.00	579

哈尔滨工业大学出版社刘培杰数学工作室
已出版(即将出版)图书目录

书　　名	出版时间	定　价	编号
数学解析教程.上卷.1	2016—01	58.00	546
数学解析教程.上卷.2	2016—01	38.00	553
函数构造论.上	2016—01	38.00	554
函数构造论.下	即将出版		555
数与多项式	2016—01	38.00	558
概周期函数	2016—01	48.00	572
变叙的项的极限分布律	2016—01	18.00	573
整函数	2012—08	18.00	161
近代拓扑学研究	2013—04	38.00	239
多项式和无理数	2008—01	68.00	22
模糊数据统计学	2008—03	48.00	31
模糊分析学与特殊泛函空间	2013—01	68.00	241
谈谈不定方程	2011—05	28.00	119
常微分方程	2016—01	58.00	586
平稳随机函数导论	2016—03	48.00	587
量子力学原理·上	2016—01	38.00	588
受控理论与解析不等式	2012—05	78.00	165
解析不等式新论	2009—06	68.00	48
建立不等式的方法	2011—03	98.00	104
数学奥林匹克不等式研究	2009—08	68.00	56
不等式研究(第二辑)	2012—02	68.00	153
不等式的秘密(第一卷)	2012—02	28.00	154
不等式的秘密(第一卷)(第2版)	2014—02	38.00	286
不等式的秘密(第二卷)	2014—01	38.00	268
初等不等式的证明方法	2010—06	38.00	123
初等不等式的证明方法(第二版)	2014—11	38.00	407
不等式·理论·方法(基础卷)	2015—07	38.00	496
不等式·理论·方法(经典不等式卷)	2015—07	38.00	497
不等式·理论·方法(特殊类型不等式卷)	2015—07	48.00	498
不等式的分拆降维降幂方法与可读证明	2016—01	68.00	591
不等式探究	2016—03	38.00	582
同余理论	2012—05	38.00	163
[x]与{x}	2015—04	48.00	476
极值与最值.上卷	2015—06	28.00	486
极值与最值.中卷	2015—06	38.00	487
极值与最值.下卷	2015—06	28.00	488
整数的性质	2012—11	38.00	192
完全平方数及其应用	2015—08	78.00	506
多项式理论	2015—10	88.00	541
历届美国中学生数学竞赛试题及解答(第一卷)1950—1954	2014—07	18.00	277
历届美国中学生数学竞赛试题及解答(第二卷)1955—1959	2014—04	18.00	278
历届美国中学生数学竞赛试题及解答(第三卷)1960—1964	2014—06	18.00	279
历届美国中学生数学竞赛试题及解答(第四卷)1965—1969	2014—04	28.00	280
历届美国中学生数学竞赛试题及解答(第五卷)1970—1972	2014—06	18.00	281
历届美国中学生数学竞赛试题及解答(第七卷)1981—1986	2015—01	18.00	424

哈尔滨工业大学出版社刘培杰数学工作室
已出版(即将出版)图书目录

书　名	出版时间	定　价	编号
历届 IMO 试题集(1959—2005)	2006—05	58.00	5
历届 CMO 试题集	2008—09	28.00	40
历届中国数学奥林匹克试题集	2014—10	38.00	394
历届加拿大数学奥林匹克试题集	2012—08	38.00	215
历届美国数学奥林匹克试题集:多解推广加强	2012—08	38.00	209
历届美国数学奥林匹克试题集:多解推广加强(第2版)	2016—03	48.00	592
历届波兰数学竞赛试题集.第1卷,1949～1963	2015—03	18.00	453
历届波兰数学竞赛试题集.第2卷,1964～1976	2015—03	18.00	454
历届巴尔干数学奥林匹克试题集	2015—05	38.00	466
保加利亚数学奥林匹克	2014—10	38.00	393
圣彼得堡数学奥林匹克试题集	2015—01	38.00	429
匈牙利奥林匹克数学竞赛题解.第1卷	2016—05	28.00	593
匈牙利奥林匹克数学竞赛题解.第2卷	2016—05	28.00	594
历届国际大学生数学竞赛试题集(1994—2010)	2012—01	28.00	143
全国大学生数学夏令营数学竞赛试题及解答	2007—03	28.00	15
全国大学生数学竞赛辅导教程	2012—07	28.00	189
全国大学生数学竞赛复习全书	2014—04	48.00	340
历届美国大学生数学竞赛试题集	2009—03	88.00	43
前苏联大学生数学奥林匹克竞赛题解(上编)	2012—04	28.00	169
前苏联大学生数学奥林匹克竞赛题解(下编)	2012—04	38.00	170
历届美国数学邀请赛试题集	2014—01	48.00	270
全国高中数学竞赛试题及解答.第1卷	2014—07	38.00	331
大学生数学竞赛讲义	2014—09	28.00	371
亚太地区数学奥林匹克竞赛题	2015—07	18.00	492
日本历届(初级)广中杯数学竞赛试题及解答.第1卷(2000～2007)	2016—05	28.00	641
日本历届(初级)广中杯数学竞赛试题及解答.第2卷(2008～2015)	2016—05	38.00	642

书　名	出版时间	定　价	编号
高考数学临门一脚(含密押三套卷)(理科版)	2015—01	24.80	421
高考数学临门一脚(含密押三套卷)(文科版)	2015—01	24.80	422
新课标高考数学题型全归纳(文科版)	2015—05	72.00	467
新课标高考数学题型全归纳(理科版)	2015—05	82.00	468
王连笑教你怎样学数学:高考选择题解题策略与客观题实用训练	2014—01	48.00	262
王连笑教你怎样学数学:高考数学高层次讲座	2015—02	48.00	432
高考数学的理论与实践	2009—08	38.00	53
高考数学核心题型解题方法与技巧	2010—01	28.00	86
高考思维新平台	2014—03	38.00	259
30 分钟拿下高考数学选择题、填空题(第二版)	2012—01	28.00	146
高考数学压轴题解题诀窍(上)	2012—02	78.00	166
高考数学压轴题解题诀窍(下)	2012—02	28.00	167
北京市五区文科数学三年高考模拟题详解:2013～2015	2015—08	48.00	500
北京市五区理科数学三年高考模拟题详解:2013～2015	2015—09	68.00	505
向量法巧解数学高考题	2009—08	28.00	54
高考数学万能解题法	2015—09	28.00	534
高考物理万能解题法	2015—09	28.00	537
高考化学万能解题法	2015—11	25.00	557
高考生物万能解题法	2016—03	25.00	598

哈尔滨工业大学出版社刘培杰数学工作室
已出版(即将出版)图书目录

书　名	出版时间	定　价	编号
高考数学解题金典	2016—04	68.00	602
高考物理解题金典	2016—03	58.00	603
高考化学解题金典	即将出版		604
高考生物解题金典	即将出版		605
我一定要赚分:高中物理	2016—01	38.00	580
数学高考参考	2016—01	78.00	589
2011~2015年全国及各省市高考数学文科精品试题审题要津与解法研究	2015—10	68.00	539
2011~2015年全国及各省市高考数学理科精品试题审题要津与解法研究	2015—10	88.00	540
最新全国及各省市高考数学试卷解法研究及点拨评析	2009—02	38.00	41
2011年全国及各省市高考数学试题审题要津与解法研究	2011—10	48.00	139
2013年全国及各省市高考数学试题解析与点评	2014—01	48.00	282
全国及各省市高考数学试题审题要津与解法研究	2015—02	48.00	450
新课标高考数学——五年试题分章详解(2007~2011)(上、下)	2011—10	78.00	140,141
全国中考数学压轴题审题要津与解法研究	2013—04	78.00	248
新编全国及各省市中考数学压轴题审题要津与解法研究	2014—05	58.00	342
全国及各省市5年中考数学压轴题审题要津与解法研究	2015—04	58.00	462
中考数学专题总复习	2007—04	28.00	6
中考数学较难题、难题常考题型解题方法与技巧.上	2016—01	48.00	584
中考数学较难题、难题常考题型解题方法与技巧.下	2016—01	58.00	585
北京中考数学压轴题解题方法突破	2016—03	38.00	597
助你高考成功的数学解题智慧:知识是智慧的基础	2016—01	58.00	596
助你高考成功的数学解题智慧:错误是智慧的试金石	2016—04	58.00	643
高考数学奇思妙解	2016—04	38.00	610
数学奥林匹克在中国	2014—06	98.00	344
数学奥林匹克问题集	2014—01	38.00	267
数学奥林匹克不等式散论	2010—06	38.00	124
数学奥林匹克不等式欣赏	2011—09	38.00	138
数学奥林匹克超级题库(初中卷上)	2010—01	58.00	66
数学奥林匹克不等式证明方法和技巧(上、下)	2011—08	158.00	134,135
新编640个世界著名数学智力趣题	2014—01	88.00	242
500个最新世界著名数学智力趣题	2008—06	48.00	3
400个最新世界著名数学最值问题	2008—09	48.00	36
500个世界著名数学征解问题	2009—06	48.00	52
400个中国最佳初等数学征解老问题	2010—01	48.00	60
500个俄罗斯数学经典老题	2011—01	28.00	81
1000个国外中学物理好题	2012—04	48.00	174
300个日本高考数学题	2012—05	38.00	142
500个前苏联早期高考数学试题及解答	2012—05	28.00	185
546个早期俄罗斯大学生数学竞赛题	2014—03	38.00	285
548个来自美苏的数学好问题	2014—11	28.00	396
20所苏联著名大学早期入学试题	2015—02	18.00	452
161道德国工科大学生必做的微分方程习题	2015—05	28.00	469
500个德国工科大学生必做的高数习题	2015—06	28.00	478
德国讲义日本考题.微积分卷	2015—04	48.00	456
德国讲义日本考题.微分方程卷	2015—04	38.00	457

哈尔滨工业大学出版社刘培杰数学工作室
已出版(即将出版)图书目录

书　名	出版时间	定　价	编号
中国初等数学研究　2009卷(第1辑)	2009—05	20.00	45
中国初等数学研究　2010卷(第2辑)	2010—05	30.00	68
中国初等数学研究　2011卷(第3辑)	2011—07	60.00	127
中国初等数学研究　2012卷(第4辑)	2012—07	48.00	190
中国初等数学研究　2014卷(第5辑)	2014—02	48.00	288
中国初等数学研究　2015卷(第6辑)	2015—06	68.00	493
中国初等数学研究　2016卷(第7辑)	2016—04	68.00	609

几何变换(Ⅰ)	2014—07	28.00	353
几何变换(Ⅱ)	2015—06	28.00	354
几何变换(Ⅲ)	2015—01	38.00	355
几何变换(Ⅳ)	2015—12	38.00	356

博弈论精粹	2008—03	58.00	30
博弈论精粹.第二版(精装)	2015—01	88.00	461
数学 我爱你	2008—01	28.00	20
精神的圣徒　别样的人生——60位中国数学家成长的历程	2008—09	48.00	39
数学史概论	2009—06	78.00	50
数学史概论(精装)	2013—03	158.00	272
数学史选讲	2016—01	48.00	544
斐波那契数列	2010—02	28.00	65
数学拼盘和斐波那契魔方	2010—07	38.00	72
斐波那契数列欣赏	2011—01	28.00	160
数学的创造	2011—02	48.00	85
数学美与创造力	2016—01	48.00	595
数海拾贝	2016—01	48.00	590
数学中的美	2011—02	38.00	84
数论中的美学	2014—12	38.00	351
数学王者　科学巨人——高斯	2015—01	28.00	428
振兴祖国数学的圆梦之旅:中国初等数学研究史话	2015—06	78.00	490
二十世纪中国数学史料研究	2015—10	48.00	536
数字谜、数阵图与棋盘覆盖	2016—01	58.00	298
时间的形状	2016—01	38.00	556

数学解题——靠数学思想给力(上)	2011—07	38.00	131
数学解题——靠数学思想给力(中)	2011—07	48.00	132
数学解题——靠数学思想给力(下)	2011—07	38.00	133
我怎样解题	2013—01	48.00	227
数学解题中的物理方法	2011—06	28.00	114
数学解题的特殊方法	2011—06	48.00	115
中学数学计算技巧	2012—01	48.00	116
中学数学证明方法	2012—01	58.00	117
数学趣题巧解	2012—03	28.00	128
高中数学教学通鉴	2015—05	58.00	479
和高中生漫谈:数学与哲学的故事	2014—08	28.00	369

自主招生考试中的参数方程问题	2015—01	28.00	435
自主招生考试中的极坐标问题	2015—04	28.00	463
近年全国重点大学自主招生数学试题全解及研究.华约卷	2015—02	38.00	441
近年全国重点大学自主招生数学试题全解及研究.北约卷	2016—05	38.00	619
自主招生数学解证宝典	2015—09	48.00	535

哈尔滨工业大学出版社刘培杰数学工作室
已出版(即将出版)图书目录

书　　名	出版时间	定　价	编号
格点和面积	2012—07	18.00	191
射影几何趣谈	2012—04	28.00	175
斯潘纳尔引理——从一道加拿大数学奥林匹克试题谈起	2014—01	28.00	228
李普希兹条件——从几道近年高考数学试题谈起	2012—10	18.00	221
拉格朗日中值定理——从一道北京高考试题的解法谈起	2015—10	18.00	197
闵科夫斯基定理——从一道清华大学自主招生试题谈起	2014—01	28.00	198
哈尔测度——从一道冬令营试题的背景谈起	2012—08	28.00	202
切比雪夫逼近问题——从一道中国台北数学奥林匹克试题谈起	2013—04	38.00	238
伯恩斯坦多项式与贝齐尔曲面——从一道全国高中数学联赛试题谈起	2013—03	38.00	236
卡塔兰猜想——从一道普特南竞赛试题谈起	2013—06	18.00	256
麦卡锡函数和阿克曼函数——从一道前南斯拉夫数学奥林匹克试题谈起	2012—08	18.00	201
贝蒂定理与拉姆贝克莫斯尔定理——从一个拣石子游戏谈起	2012—08	18.00	217
皮亚诺曲线和豪斯道夫分球定理——从无限集谈起	2012—08	18.00	211
平面凸图形与凸多面体	2012—10	28.00	218
斯坦因豪斯问题——从一道二十五省市自治区中学数学竞赛试题谈起	2012—07	18.00	196
纽结理论中的亚历山大多项式与琼斯多项式——从一道北京市高一数学竞赛试题谈起	2012—07	28.00	195
原则与策略——从波利亚"解题表"谈起	2013—04	38.00	244
转化与化归——从三大尺规作图不能问题谈起	2012—08	28.00	214
代数几何中的贝祖定理(第一版)——从一道IMO试题的解法谈起	2013—08	18.00	193
成功连贯理论与约当块理论——从一道比利时数学竞赛试题谈起	2012—04	18.00	180
素数判定与大数分解	2014—08	18.00	199
置换多项式及其应用	2012—10	18.00	220
椭圆函数与模函数——从一道美国加州大学洛杉矶分校(UCLA)博士资格考题谈起	2012—10	28.00	219
差分方程的拉格朗日方法——从一道2011年全国高考理科试题的解法谈起	2012—08	28.00	200
力学在几何中的一些应用	2013—01	38.00	240
高斯散度定理、斯托克斯定理和平面格林定理——从一道国际大学生数学竞赛试题谈起	即将出版		
康托洛维奇不等式——从一道全国高中联赛试题谈起	2013—03	28.00	337
西格尔引理——从一道第18届IMO试题的解法谈起	即将出版		
罗斯定理——从一道前苏联数学竞赛试题谈起	即将出版		
拉克斯定理和阿廷定理——从一道IMO试题的解法谈起	2014—01	58.00	246
毕卡大定理——从一道美国大学数学竞赛试题谈起	2014—07	18.00	350
贝齐尔曲线——从一道全国高中联赛试题谈起	即将出版		
拉格朗日乘子定理——从一道2005年全国高中联赛试题的高等数学解法谈起	2015—05	28.00	480
雅可比定理——从一道日本数学奥林匹克试题谈起	2013—04	48.00	249
李天岩-约克定理——从一道波兰数学竞赛试题谈起	2014—06	28.00	349
整系数多项式因式分解的一般方法——从克朗耐克算法谈起	即将出版		
布劳维不动点定理——从一道前苏联数学奥林匹克试题谈起	2014—01	38.00	273
伯恩赛德定理——从一道英国数学奥林匹克试题谈起	即将出版		
布查特-莫斯特定理——从一道上海市初中竞赛试题谈起	即将出版		

哈尔滨工业大学出版社刘培杰数学工作室
已出版(即将出版)图书目录

书　名	出版时间	定　价	编号
数论中的同余数问题——从一道普特南竞赛试题谈起	即将出版		
范·德蒙行列式——从一道美国数学奥林匹克试题谈起	即将出版		
中国剩余定理:总数法构建中国历史年表	2015—01	28.00	430
牛顿程序与方程求根——从一道全国高考试题解法谈起	即将出版		
库默尔定理——从一道IMO预选试题谈起	即将出版		
卢丁定理——从一道冬令营试题的解法谈起	即将出版		
沃斯滕霍姆定理——从一道IMO预选试题谈起	即将出版		
卡尔松不等式——从一道莫斯科数学奥林匹克试题谈起	即将出版		
信息论中的香农熵——从一道近年高考压轴题谈起	即将出版		
约当不等式——从一道希望杯竞赛试题谈起	即将出版		
拉比诺维奇定理	即将出版		
刘维尔定理——从一道《美国数学月刊》征解问题的解法谈起	即将出版		
卡塔兰恒等式与级数求和——从一道IMO试题的解法谈起	即将出版		
勒让德猜想与素数分布——从一道爱尔兰竞赛试题谈起	即将出版		
天平称重与信息论——从一道基辅市数学奥林匹克试题谈起	即将出版		
哈密尔顿—凯莱定理:从一道高中数学联赛试题的解法谈起	2014—09	18.00	376
艾思特曼定理——从一道CMO试题的解法谈起	即将出版		
一个爱尔特希问题——从一道西德数学奥林匹克试题谈起	即将出版		
有限群中的爱丁格尔问题——从一道北京市初中二年级数学竞赛试题谈起	即将出版		
贝克码与编码理论——从一道全国高中联赛试题谈起	即将出版		
帕斯卡三角形	2014—03	18.00	294
蒲丰投针问题——从2009年清华大学的一道自主招生试题谈起	2014—01	38.00	295
斯图姆定理——从一道"华约"自主招生试题的解法谈起	2014—01	18.00	296
许瓦兹引理——从一道加利福尼亚大学伯克利分校数学系博士生试题谈起	2014—08	18.00	297
拉姆塞定理——从王诗宬院士的一个问题谈起	2016—04	48.00	299
坐标法	2013—12	28.00	332
数论三角形	2014—04	38.00	341
毕克定理	2014—07	18.00	352
数林掠影	2014—09	48.00	389
我们周围的概率	2014—10	38.00	390
凸函数最值定理:从一道华约自主招生题的解法谈起	2014—10	28.00	391
易学与数学奥林匹克	2014—10	38.00	392
生物数学趣谈	2015—01	18.00	409
反演	2015—01	28.00	420
因式分解与圆锥曲线	2015—01	18.00	426
轨迹	2015—01	28.00	427
面积原理:从常庚哲命的一道CMO试题的积分解法谈起	2015—01	48.00	431
形形色色的不动点定理:从一道28届IMO试题谈起	2015—01	38.00	439
柯西函数方程:从一道上海交大自主招生的试题谈起	2015—02	28.00	440
三角恒等式	2015—02	28.00	442
无理性判定:从一道2014年"北约"自主招生试题谈起	2015—01	38.00	443
数学归纳法	2015—03	18.00	451
极端原理与解题	2015—04	28.00	464
法雷级数	2014—08	18.00	367
摆线族	2015—01	38.00	438
函数方程及其解法	2015—05	38.00	470
含参数的方程和不等式	2012—09	28.00	213
希尔伯特第十问题	2016—01	38.00	543
无穷小量的求和	2016—01	28.00	545

哈尔滨工业大学出版社刘培杰数学工作室
已出版(即将出版)图书目录

书 名	出版时间	定 价	编号
切比雪夫多项式:从一道清华大学金秋营试题谈起	2016—01	38.00	583
泽肯多夫定理	2016—03	38.00	599
代数等式证题法	2016—01	28.00	600
三角等式证题法	2016—01	28.00	601
中等数学英语阅读文选	2006—12	38.00	13
统计学专业英语	2007—03	28.00	16
统计学专业英语(第二版)	2012—07	48.00	176
统计学专业英语(第三版)	2015—04	68.00	465
幻方和魔方(第一卷)	2012—05	68.00	173
尘封的经典——初等数学经典文献选读(第一卷)	2012—07	48.00	205
尘封的经典——初等数学经典文献选读(第二卷)	2012—07	38.00	206
代换分析:英文	2015—07	38.00	499
实变函数论	2012—06	78.00	181
复变函数论	2015—08	38.00	504
非光滑优化及其变分分析	2014—01	48.00	230
疏散的马尔科夫链	2014—01	58.00	266
马尔科夫过程论基础	2015—01	28.00	433
初等微分拓扑学	2012—07	18.00	182
方程式论	2011—03	38.00	105
初级方程式论	2011—03	28.00	106
Galois 理论	2011—03	18.00	107
古典数学难题与伽罗瓦理论	2012—11	58.00	223
伽罗华与群论	2014—01	28.00	290
代数方程的根式解及伽罗瓦理论	2011—03	28.00	108
代数方程的根式解及伽罗瓦理论(第二版)	2015—01	28.00	423
线性偏微分方程讲义	2011—03	18.00	110
几类微分方程数值方法的研究	2015—05	38.00	485
N 体问题的周期解	2011—03	28.00	111
代数方程式论	2011—05	18.00	121
动力系统的不变量与函数方程	2011—07	48.00	137
基于短语评价的翻译知识获取	2012—02	48.00	168
应用随机过程	2012—04	48.00	187
概率论导引	2012—04	18.00	179
矩阵论(上)	2013—06	58.00	250
矩阵论(下)	2013—06	48.00	251
对称锥互补问题的内点法:理论分析与算法实现	2014—08	68.00	368
抽象代数:方法导引	2013—06	38.00	257
集论	2016—01	48.00	576
多项式理论研究综述	2016—01	38.00	577
函数论	2014—11	78.00	395
反问题的计算方法及应用	2011—11	28.00	147
初等数学研究(Ⅰ)	2008—09	68.00	37
初等数学研究(Ⅱ)(上、下)	2009—05	118.00	46,47
数阵及其应用	2012—02	28.00	164
绝对值方程—折边与组合图形的解析研究	2012—07	48.00	186
代数函数论(上)	2015—07	38.00	494
代数函数论(下)	2015—07	38.00	495
偏微分方程论:法文	2015—10	48.00	533
时标动力学方程的指数型二分性与周期解	2016—04	48.00	606
重刚体绕不动点运动方程的积分法	2016—05	68.00	608
水轮机水力稳定性	2016—05	48.00	620

哈尔滨工业大学出版社刘培杰数学工作室
已出版(即将出版)图书目录

书　名	出版时间	定　价	编号
趣味初等方程妙题集锦	2014—09	48.00	388
趣味初等数论选美与欣赏	2015—02	48.00	445
耕读笔记(上卷):一位农民数学爱好者的初数探索	2015—04	28.00	459
耕读笔记(中卷):一位农民数学爱好者的初数探索	2015—05	28.00	483
耕读笔记(下卷):一位农民数学爱好者的初数探索	2015—05	28.00	484
几何不等式研究与欣赏.上卷	2016—01	88.00	547
几何不等式研究与欣赏.下卷	2016—01	48.00	552
初等数列研究与欣赏·上	2016—01	48.00	570
初等数列研究与欣赏·下	2016—01	48.00	571
火柴游戏	2016—05	38.00	612
异曲同工	即将出版		613
智力解谜	即将出版		614
故事智力	即将出版		615
名人们喜欢的智力问题	即将出版		616
数学大师的发现、创造与失误	即将出版		617
数学味道	即将出版		618
数贝偶拾——高考数学题研究	2014—04	28.00	274
数贝偶拾——初等数学研究	2014—04	38.00	275
数贝偶拾——奥数题研究	2014—04	48.00	276
集合、函数与方程	2014—01	28.00	300
数列与不等式	2014—01	38.00	301
三角与平面向量	2014—01	28.00	302
平面解析几何	2014—01	38.00	303
立体几何与组合	2014—01	28.00	304
极限与导数、数学归纳法	2014—01	38.00	305
趣味数学	2014—03	28.00	306
教材教法	2014—04	68.00	307
自主招生	2014—05	58.00	308
高考压轴题(上)	2015—01	48.00	309
高考压轴题(下)	2014—10	68.00	310
从费马到怀尔斯——费马大定理的历史	2013—10	198.00	I
从庞加莱到佩雷尔曼——庞加莱猜想的历史	2013—10	298.00	II
从切比雪夫到爱尔特希(上)——素数定理的初等证明	2013—07	48.00	III
从切比雪夫到爱尔特希(下)——素数定理100年	2012—12	98.00	III
从高斯到盖尔方特——二次域的高斯猜想	2013—10	198.00	IV
从库默尔到朗兰兹——朗兰兹猜想的历史	2014—01	98.00	V
从比勒巴赫到德布朗斯——比勒巴赫猜想的历史	2014—02	298.00	VI
从麦比乌斯到陈省身——麦比乌斯变换与麦比乌斯带	2014—02	298.00	VII
从布尔到豪斯道夫——布尔方程与格论漫谈	2013—10	198.00	VIII
从开普勒到阿诺德——三体问题的历史	2014—05	298.00	IX
从华林到华罗庚——华林问题的历史	2013—10	298.00	X

哈尔滨工业大学出版社刘培杰数学工作室
已出版(即将出版)图书目录

书　名	出版时间	定　价	编号
吴振奎高等数学解题真经(概率统计卷)	2012—01	38.00	149
吴振奎高等数学解题真经(微积分卷)	2012—01	68.00	150
吴振奎高等数学解题真经(线性代数卷)	2012—01	58.00	151
钱昌本教你快乐学数学(上)	2011—12	48.00	155
钱昌本教你快乐学数学(下)	2012—03	58.00	171
高等数学解题全攻略(上卷)	2013—06	58.00	252
高等数学解题全攻略(下卷)	2013—06	58.00	253
高等数学复习纲要	2014—01	18.00	384
三角函数	2014—01	38.00	311
不等式	2014—01	38.00	312
数列	2014—01	38.00	313
方程	2014—01	28.00	314
排列和组合	2014—01	28.00	315
极限与导数	2014—01	28.00	316
向量	2014—09	38.00	317
复数及其应用	2014—08	28.00	318
函数	2014—01	38.00	319
集合	即将出版		320
直线与平面	2014—01	28.00	321
立体几何	2014—04	28.00	322
解三角形	即将出版		323
直线与圆	2014—01	28.00	324
圆锥曲线	2014—01	38.00	325
解题通法(一)	2014—07	38.00	326
解题通法(二)	2014—07	38.00	327
解题通法(三)	2014—05	38.00	328
概率与统计	2014—01	28.00	329
信息迁移与算法	即将出版		330
三角函数(第2版)	即将出版		627
向量(第2版)	即将出版		628
立体几何(第2版)	2016—04	38.00	630
直线与圆(第2版)	即将出版		632
圆锥曲线(第2版)	即将出版		633
极限与导数(第2版)	2016—04	38.00	636
美国高中数学竞赛五十讲.第1卷(英文)	2014—08	28.00	357
美国高中数学竞赛五十讲.第2卷(英文)	2014—08	28.00	358
美国高中数学竞赛五十讲.第3卷(英文)	2014—09	28.00	359
美国高中数学竞赛五十讲.第4卷(英文)	2014—09	28.00	360
美国高中数学竞赛五十讲.第5卷(英文)	2014—10	28.00	361
美国高中数学竞赛五十讲.第6卷(英文)	2014—11	28.00	362
美国高中数学竞赛五十讲.第7卷(英文)	2014—12	28.00	363
美国高中数学竞赛五十讲.第8卷(英文)	2015—01	28.00	364
美国高中数学竞赛五十讲.第9卷(英文)	2015—01	28.00	365
美国高中数学竞赛五十讲.第10卷(英文)	2015—02	38.00	366

哈尔滨工业大学出版社刘培杰数学工作室
已出版(即将出版)图书目录

书 名	出版时间	定价	编号
IMO 50 年.第 1 卷(1959—1963)	2014—11	28.00	377
IMO 50 年.第 2 卷(1964—1968)	2014—11	28.00	378
IMO 50 年.第 3 卷(1969—1973)	2014—09	28.00	379
IMO 50 年.第 4 卷(1974—1978)	2016—04	38.00	380
IMO 50 年.第 5 卷(1979—1984)	2015—04	38.00	381
IMO 50 年.第 6 卷(1985—1989)	2015—04	58.00	382
IMO 50 年.第 7 卷(1990—1994)	2016—01	48.00	383
IMO 50 年.第 8 卷(1995—1999)	2016—06	38.00	384
IMO 50 年.第 9 卷(2000—2004)	2015—04	58.00	385
IMO 50 年.第 10 卷(2005—2009)	2016—01	48.00	386
IMO 50 年.第 11 卷(2010—2015)	即将出版		646
历届美国大学生数学竞赛试题集.第一卷(1938—1949)	2015—01	28.00	397
历届美国大学生数学竞赛试题集.第二卷(1950—1959)	2015—01	28.00	398
历届美国大学生数学竞赛试题集.第三卷(1960—1969)	2015—01	28.00	399
历届美国大学生数学竞赛试题集.第四卷(1970—1979)	2015—01	18.00	400
历届美国大学生数学竞赛试题集.第五卷(1980—1989)	2015—01	28.00	401
历届美国大学生数学竞赛试题集.第六卷(1990—1999)	2015—01	28.00	402
历届美国大学生数学竞赛试题集.第七卷(2000—2009)	2015—08	18.00	403
历届美国大学生数学竞赛试题集.第八卷(2010—2012)	2015—01	18.00	404
新课标高考数学创新题解题诀窍:总论	2014—09	28.00	372
新课标高考数学创新题解题诀窍:必修 1~5 分册	2014—08	38.00	373
新课标高考数学创新题解题诀窍:选修 2—1,2—2,1—1,1—2分册	2014—09	38.00	374
新课标高考数学创新题解题诀窍:选修 2—3,4—4,4—5 分册	2014—09	18.00	375
全国重点大学自主招生英文数学试题全攻略:词汇卷	2015—07	48.00	410
全国重点大学自主招生英文数学试题全攻略:概念卷	2015—01	28.00	411
全国重点大学自主招生英文数学试题全攻略:文章选读卷(上)	即将出版		412
全国重点大学自主招生英文数学试题全攻略:文章选读卷(下)	即将出版		413
全国重点大学自主招生英文数学试题全攻略:试题卷	2015—07	38.00	414
全国重点大学自主招生英文数学试题全攻略:名著欣赏卷	即将出版		415
数学物理大百科全书.第 1 卷	2016—01	418.00	508
数学物理大百科全书.第 2 卷	2016—01	408.00	509
数学物理大百科全书.第 3 卷	2016—01	396.00	510
数学物理大百科全书.第 4 卷	2016—01	408.00	511
数学物理大百科全书.第 5 卷	2016—01	368.00	512
劳埃德数学趣题大全.题目卷.1:英文	2016—01	18.00	516
劳埃德数学趣题大全.题目卷.2:英文	2016—01	18.00	517
劳埃德数学趣题大全.题目卷.3:英文	2016—01	18.00	518
劳埃德数学趣题大全.题目卷.4:英文	2016—01	18.00	519
劳埃德数学趣题大全.题目卷.5:英文	2016—01	18.00	520
劳埃德数学趣题大全.答案卷:英文	2016—01	18.00	521

哈尔滨工业大学出版社刘培杰数学工作室
已出版(即将出版)图书目录

书　名	出版时间	定　价	编号
李成章教练奥数笔记.第1卷	2016—01	48.00	522
李成章教练奥数笔记.第2卷	2016—01	48.00	523
李成章教练奥数笔记.第3卷	2016—01	38.00	524
李成章教练奥数笔记.第4卷	2016—01	38.00	525
李成章教练奥数笔记.第5卷	2016—01	38.00	526
李成章教练奥数笔记.第6卷	2016—01	38.00	527
李成章教练奥数笔记.第7卷	2016—01	38.00	528
李成章教练奥数笔记.第8卷	2016—01	48.00	529
李成章教练奥数笔记.第9卷	2016—01	28.00	530
zeta函数,q-zeta函数,相伴级数与积分	2015—08	88.00	513
微分形式:理论与练习	2015—08	58.00	514
离散与微分包含的逼近和优化	2015—08	58.00	515
艾伦·图灵:他的工作与影响	2016—01	98.00	560
测度理论概率导论,第2版	2016—01	88.00	561
带有潜在故障恢复系统的半马尔柯夫模型控制	2016—01	98.00	562
数学分析原理	2016—01	88.00	563
随机偏微分方程的有效动力学	2016—01	88.00	564
图的谱半径	2016—01	58.00	565
量子机器学习中数据挖掘的量子计算方法	2016—01	98.00	566
量子物理的非常规方法	2016—01	118.00	567
运输过程的统一非局部理论:广义波尔兹曼物理动力学,第2版	2016—01	198.00	568
量子力学与经典力学之间的联系在原子、分子及电动力学系统建模中的应用	2016—01	58.00	569
第19~23届"希望杯"全国数学邀请赛试题审题要津详细评注(初一版)	2014—03	28.00	333
第19~23届"希望杯"全国数学邀请赛试题审题要津详细评注(初二、初三版)	2014—03	38.00	334
第19~23届"希望杯"全国数学邀请赛试题审题要津详细评注(高一版)	2014—03	28.00	335
第19~23届"希望杯"全国数学邀请赛试题审题要津详细评注(高二版)	2014—03	38.00	336
第19~25届"希望杯"全国数学邀请赛试题审题要津详细评注(初一版)	2015—01	38.00	416
第19~25届"希望杯"全国数学邀请赛试题审题要津详细评注(初二、初三版)	2015—01	58.00	417
第19~25届"希望杯"全国数学邀请赛试题审题要津详细评注(高一版)	2015—01	48.00	418
第19~25届"希望杯"全国数学邀请赛试题审题要津详细评注(高二版)	2015—01	48.00	419
闵嗣鹤文集	2011—03	98.00	102
吴从炘数学活动三十年(1951~1980)	2010—07	99.00	32
吴从炘数学活动又三十年(1981~2010)	2015—07	98.00	491
物理奥林匹克竞赛大题典——力学卷	2014—11	48.00	405
物理奥林匹克竞赛大题典——热学卷	2014—04	28.00	339
物理奥林匹克竞赛大题典——电磁学卷	2015—07	48.00	406
物理奥林匹克竞赛大题典——光学与近代物理卷	2014—06	28.00	345
历届中国东南地区数学奥林匹克试题集(2004~2012)	2014—06	18.00	346
历届中国西部地区数学奥林匹克试题集(2001~2012)	2014—07	18.00	347
历届中国女子数学奥林匹克试题集(2002~2012)	2014—08	18.00	348

联系地址:哈尔滨市南岗区复华四道街10号　哈尔滨工业大学出版社刘培杰数学工作室
网　　址:http://lpj.hit.edu.cn/
邮　编:150006
联系电话:0451—86281378　　13904613167
E-mail:lpj1378@163.com